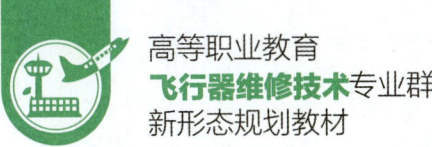

高等职业教育
飞行器维修技术专业群
新形态规划教材

航空发动机试车

主 编 ♀ 都昌兵 舒 毅
副主编 ♀ 康小波 刘文娟
主 审 ♀ 徐 涛 熊 纯

中国水利水电出版社
www.waterpub.com.cn
·北京·

内 容 提 要

本教材由 8 个项目组成，包括航空发动机试车基础、发动机运转试车、检查和调整发动机起动、检查和调整转速操纵盒凸轮协动转速、检查和调整发动机稳态转速、检查和调整发动机空气系统压力、检查和调整发动机推力、检查和调整发动机加减速性等内容，共 19 个任务。各任务后均附有任务单和评估单。本教材在深入调查研究的基础上，总结了近几年来高等职业技术教育课程改革的经验，适应经济发展、科技进步和生产实际对教学内容提出的新要求，注意反映生产实际中的新知识、新技术、新工艺和新方法，突出了职业教育特色，紧密联系生产实际，具有广泛的实用性。

本教材可作为高职航空发动机维修技术专业、航空发动机装配与调试专业，高职本科航空动力装置维修技术专业的教材，也可作为航空发动机大修厂试车人员的自学教材，或者供大专院校相关专业和从事航空发动机试车工作的工程技术人员阅读参考。

图书在版编目（CIP）数据

航空发动机试车 / 都昌兵，舒毅主编. -- 北京：中国水利水电出版社，2024.6
高等职业教育飞行器维修技术专业群新形态规划教材
ISBN 978-7-5226-2489-1

Ⅰ．①航… Ⅱ．①都… ②舒… Ⅲ．①航空发动机－试车－高等职业教育－教材 Ⅳ．①V263.4

中国国家版本馆CIP数据核字(2024)第109750号

策划编辑：周益丹　责任编辑：张玉玲　加工编辑：刘瑜　封面设计：苏敏

书　　名	高等职业教育飞行器维修技术专业群新形态规划教材 航空发动机试车 HANGKONG FADONGJI SHICHE
作　　者	主　编　都昌兵　舒　毅 副主编　康小波　刘文娟 主　审　徐　涛　熊　纯
出版发行	中国水利水电出版社 （北京市海淀区玉渊潭南路1号D座 100038） 网址：www.waterpub.com.cn E-mail：mchannel@263.net（答疑） 　　　　sales@mwr.gov.cn 电话：（010）68545888（营销中心）、82562819（组稿）
经　　售	北京科水图书销售有限公司 电话：（010）68545874、63202643 全国各地新华书店和相关出版物销售网点
排　　版	北京万水电子信息有限公司
印　　刷	三河市德贤弘印务有限公司
规　　格	184mm×260mm　16开本　14.5印张　326千字
版　　次	2024年6月第1版　2024年6月第1次印刷
印　　数	0001—2000册
定　　价	59.00元

凡购买我社图书，如有缺页、倒页、脱页的，本社营销中心负责调换

版权所有·侵权必究

前言

航空发动机试车是航空发动机试验中的重要环节，其目的是通过测试发动机的性能、可靠性和耐久性等指标，确保发动机在各种飞行条件下能够正常工作。随着航空工业的不断发展，航空发动机的性能和复杂性不断提高，对试车测试的需求也越来越大。随着科技的不断进步，航空发动机试车技术也在不断发展。为了适应这一趋势，需要编写一本教材，介绍最新的航空发动机试车技术、方法和工具，以提高试车的准确性和效率，并指导工程师和技术人员开展航空发动机试车工作。

培养高素质航空机务维修人才，优秀的航空发动机试车应用教材不可或缺。纵观业内本课程教材，大致分为两类：一是已公开出版的教材，其大部分偏重发动机试车类型与功能的介绍，与发动机试车任务关联性不大，对发动机试车流程认识不深，缺乏常用发动机试车流程与调整的系统训练，不能完全满足航空发动机试车岗位对试车调整能力的需求；二是院校自编的校本教材或讲义，尽管此类教材针对性较强，但不够系统和全面，航空发动机试车典型故障的分析不充分，且无配套项目工卡及相应的实操练习。但发动机试车所涉及的燃油系统、性能参数等诸多专业知识相对抽象，仅通过文字描述及二维图画，学生很难快速、准确理解试车的相关内容。

通过阅读这本教材，工程师和技术人员可以更好地理解和掌握航空发动机试车测试的原理和方法，提高试车测试的准确性和效率，确保航空发动机的安全性和可靠性。

本教材正是基于培养高素质航空发动机试车人员的急迫需要而编写的。本教材以航空发动机试车工作任务和工作过程为逻辑起点，依据空军航空修理系统从业人员准入资格考核标准、航空发动机维修规程、国家职业技能标准，结合航空发动机试车有代表性的故障排除任务构建项目式框架；紧扣"从试车流程、分析故障、实施调整到试车验证"的实践主线，强调了发动机各项性能参数的测试方法；采用案例引导，学生跟随查询的方式，结合微课、动画等教学资源，辅助教师实施以任务为导向的教学，培养学习者主动参与构建、能够胜任执行完整的航空发动机试车任务的职业行动能力及职业品格；语言通俗易懂，做到了集专业性、科普性和实用性于一体。本教材具有如下鲜明特色。

1. 紧扣岗课赛证，重构课程内容

本教材依据教育部教学标准、人才培养方案、课程标准，结合航空企业、航空公司人才岗位需求，对接世界技能大赛飞机维修赛项绕机检查比赛标准。引入航空发动机数字化维修新技术、航空发动机试车新工艺、《航空发动机试车台设计标准》（GB 50454—2020），优化教学内容。以实际试车工艺流程为主线设置 8 个项目，构建模块化课程。以发动机试车中典型故障排除为目标生成 19 个典型工作任务，任务相互关联、层层递进，完成课程教学内容重构。每个项目的试车流程各有侧重，更加真实地还原了发动机实际试车情况，有利于培养学生解决航空发动机综合性故障的能力。

2. 瞄准岗位需求，细化细分工作任务

严格按照相关工卡内容工作是发动机试车人员必须遵守的规章制度，稍有疏忽遗漏的环节就有可能造成严重的后果。试车流程、分析故障、实施调整、试车验证等步骤，以及试车程序和注意事项，工卡中都有明确指示和相应要求。本教材以航空发动机试车过程为序，细化细分了若干任务；任务之间存在着递进关系，不可调换任务顺序；任务完成，则相应项目完成。任务步骤：发现故障，按照工作流程进行处理；分析故障，根据相应构造与系统相关知识分析故障来源，制定调整方案；按照工卡要求进行调整；试车验证，起动发动机检查调整结果。

3. 以立德树人为宗旨，有机融入思政元素

结合项目内容，本教材不仅介绍了航空发动机试车台、航空发动机测试仪表、各种传感器等科普性知识，同时将劳模精神、工匠精神、航空报国精神、创新精神、职业道德等思政元素有机融入教学内容，培养学生严谨细致、追求卓越的职业品格。

4. 以多样化配套资源为支撑，全方位辅助教学

本教材是高等职业教育航空类新形态活页式教材，所有重要的知识点和技能点均配有图片、微课、动画、习题等丰富的数字化资源，其中视频类资源可通过手机扫描书中的二维码在线观看，学生也可登录中国大学 MOOC 搜索课程"航空发动机试车"进行线上学习。读者如需要本教材配套的教学课件资源，可发送邮件至邮箱 269112469@qq.com 索取。

本教材由长沙航空职业技术学院都昌兵教授、襄阳航泰动力机械厂航空发动机试车工程师舒毅任主编，由长沙航空职业技术学院的康小波、刘文娟任副主编，由长沙航空职业技术学院的贺东京、朱雄辉、丁哲民任参编，由都昌兵教授负责统稿和定稿工作。本教材的故障案例源于航空发动机维修企业，是校企深度合作的集体智慧的体现。

本教材由襄阳航泰动力机械厂发动机总体性能系统工程师徐涛、长沙航空职业技术

学院熊纯教授主审。在审稿过程中，他们提出了许多建设性意见，在此表示衷心感谢。另外，衷心感谢湖南省芙蓉教学名师、湖南省高职思想政治教学团队负责人、长沙航空职业技术学院雷世平教授给予的课程思政指导。感谢航空发动机维修技术专业教研室的同事以及提供过帮助的学生。最后，向所有为本教材提供大量参考资料、各种型号发动机试车资料和帮助的发动机试车一线的领导及工作人员表示诚挚的感谢。

限于编者的知识水平和实践经验，本教材难免存在错漏和不妥之处，恳请读者、同行批评指正。

编 者

2024 年 3 月

目 录

前言

项目1　航空发动机试车基础

任务1.1　航空发动机试车台 2
1.1.1　信息单 2
　　1. 试车台类型 2
　　2. 试车台架一般技术要求 5
　　3. 涡喷、涡扇发动机试车台架 6
　　4. 支撑式试车台架 6
　　5. 悬挂式试车台架 7
　　6. 发动机推力测量及校准 8
　　7. 发动机进气道 9
　　8. 试车台常用系统 10
　　9. 试车台电源 14
1.1.2　任务单 15
1.1.3　评估单 17

任务1.2　航空发动机虚拟试车系统 20
1.2.1　信息单 20
　　1. 试车操纵台 20
　　2. 显示器1号界面 20
　　3. 显示器2号界面 22
　　4. 显示器3号界面 25
　　5. 显示器4号界面 31
　　6. 显示器5号界面 32
1.2.2　任务单 33
1.2.3　评估单 36

项目2　发动机运转试车

任务2.1　发动机初步运转试车 41
2.1.1　信息单 41
　　1. 试车工艺流程 41
　　2. 试车的一般要求 41
　　3. 试车前的准备 43
　　4. 发动机外观质量检查 43
　　5. 发动机燃油系统注油 44
　　6. 发动机内部启封 44
　　7. 假开车和冷运转 45
　　8. 参数整理 45
2.1.2　任务单 46
2.1.3　评估单 52

任务2.2　最终运转试车补充程序 55
2.2.1　信息单 55
　　1. 调整等效电源 55
　　2. 热悬起动 55
　　3. 冷悬起动 56
　　4. 等效起动 56
2.2.2　任务单 57
2.2.3　评估单 61

项目3　检查和调整发动机起动

任务3.1　检查和调整发动机自动起动 67
3.1.1　信息单 67
　　1. 主要参数指标 67
　　2. 发动机的常见起动形式 67
　　3. 起动参数的限制 68
　　4. 起动参数记录 68
　　5. 起动注意事项 68
　　6. 常见故障及原因分析 69
　　7. 发动机自动起动 70
3.1.2　任务单 72
3.1.3　评估单 76

任务3.2　检查和调整气动式放气活门关闭转速 79

3.2.1　信息单 79
  1. 主要性能指标 79
  2. 构造及工作原理 79
  3. 常见故障及原因分析 79
  4. 检查和调整 79
3.2.2　任务单 80
3.2.3　评估单 85

项目 4　检查和调整转速操纵盒凸轮协动转速

任务 4.1　检查和调整起动机脱开凸轮（TQ）协动转速 90
4.1.1　信息单 90
  1. 起动机脱开凸轮（TQ）的工作转速和功用 90
  2. 构造及工作原理 91
  3. 常见故障及原因分析 91
  4. 检查和调整 91
4.1.2　任务单 92
4.1.3　评估单 96

任务 4.2　检查和调整起动断开凸轮（QD）协动转速 99
4.2.1　信息单 99
  1. 起动断开凸轮（QD）的工作转速和功用 99
  2. 常见故障及原因分析 99
  3. 检查和调整 100
4.2.2　任务单 101
4.2.3　评估单 105

任务 4.3　检查和调整喷口放大转换凸轮（DK）协动转速 108
4.3.1　信息单 108
  1. 喷口放大转换凸轮（DK）的工作转速和功用 108
  2. 检查和调整 108
4.3.2　任务单 108
4.3.3　评估单 113

任务 4.4　检查和调整喷口缩小转换凸轮（XK）协动转速 116
4.4.1　信息单 116

  1. 喷口缩小转换凸轮（XK）的工作转速和功用 116
  2. 常见故障及原因分析 116
  3. 检查和调整 116
4.4.2　任务单 117
4.4.3　评估单 121

项目 5　检查和调整发动机稳态转速

任务 5.1　检查和调整慢车转速 126
5.1.1　信息单 126
  1. 主要性能指标 126
  2. 构造及工作原理 127
  3. 常见故障及原因分析 127
  4. 检查和调整 128
5.1.2　任务单 128
5.1.3　评估单 132

任务 5.2　检查和调整最大转速 135
5.2.1　信息单 135
  1. 主要性能指标 135
  2. 构造及工作原理 135
  3. 常见故障及原因分析 136
  4. 检查和调整 136
5.2.2　任务单 138
5.2.3　评估单 142

项目 6　检查和调整发动机空气系统压力

任务 6.1　检查和调整卸荷腔压力 148
6.1.1　信息单 148
  1. 主要性能指标 148
  2. 构造及工作原理 149
  3. 常见故障及原因分析 149
  4. 检查和调整 149
6.1.2　任务单 150
6.1.3　评估单 155

任务 6.2　检查和调整后支承吹风压力 158
6.2.1　信息单 158
  1. 主要性能指标 158
  2. 构造及工作原理 158
  3. 常见故障及原因分析 158
  4. 检查和调整 158

6.2.2 任务单 159
6.2.3 评估单 163

项目 7　检查和调整发动机推力

任务 7.1　检查和调整最大状态推力 169
7.1.1 信息单 169
 1. 主要性能指标 169
 2. 检查和调整 169
7.1.2 任务单 170
7.1.3 评估单 175

任务 7.2　检查和调整加力接通 178
7.2.1 信息单 178
 1. 主要性能指标 178
 2. 构造及工作原理 178
 3. 常见故障及原因分析 179
 4. 检查和调整 180
7.2.2 任务单 180
7.2.3 评估单 186

任务 7.3　检查和调整全加力状态推力 189
7.3.1 信息单 189
 1. 主要性能指标 189
 2. 加力推力调节方案 189
 3. 常见故障及原因分析 190

 4. 检查和调整 190
7.3.2 任务单 192
7.3.3 评估单 197

项目 8　检查和调整发动机加减速性

任务 8.1　检查和调整 MC → ZD 加速性 202
8.1.1 信息单 202
 1. 主要性能指标 202
 2. 构造及工作原理 202
 3. 常见故障及原因分析 203
 4. 检查和调整 203
8.1.2 任务单 204
8.1.3 评估单 209

任务 8.2　检查和调整 85% → ZD 加速性 212
8.2.1 信息单 212
 1. 主要性能指标 212
 2. 构造及工作原理 212
 3. 常见故障及原因分析 212
 4. 检查和调整 212
8.2.2 任务单 213
8.2.3 评估单 218

参考文献 222

资源索引

中国第一台高空试车台	2
三个敬畏 四个意识 五个到位	40
新中国航空动力界首位中国工程院院士——刘大响	66
起动过程供油路线	67
起动温度调整原理	70
中国航空发动机之父——吴大观	90
中国直升机泰斗——王适存	126
大国工匠孙红梅：给飞机"心脏"做手术	148
沙丘驻涡火焰稳定器——国防第一号专利	168
放喷口时 ZD 推力的变化	169
收喷口时 ZD 推力的变化	169
小流量层板节流器接通加力	178
大流量层板节流器接通加力	178
喷口放大 QJ 推力调整原理	189
里拧 P_2' 时 QJ 推力调整原理	189
大国工匠洪家光：匠心铸战鹰 磨砺书传奇	202
大流量层板节流器 MC → ZD 加速性	203
小流量层板节流器 MC → ZD 加速性	203
小流量层板节流器时 85% → ZD 加速性	212
大流量层板节流器时 85% → ZD 加速性	212

航空发动机试车基础

🌐 学习目标

★熟知航空发动机试车的基本要求、检查内容及目的。
★熟知航空发动机试车台的型式及总体布置。
★熟知试车台的常用主要设备、系统使用和维护。
★熟知模拟试车系统各界面开关按钮、信号灯的作用和操作要求。

📋 学习路径

★通过学习信息单,掌握基本理论知识。
★通过完成任务单,在实践中巩固和升华理论知识。
★通过完成评估单,反馈学习中的不足和改进方向。
★通过课后训练,再学习、再提高。

🏃 学习资源

★校内一体化教室。
★视频、PPT、习题答案等。
★网络资源等。

📖 学习任务

★熟悉航空发动机试车工艺流程。
★航空发动机试车台认知。
★航空发动机虚拟试车系统认知。

航空发动机试车

项目思维导图

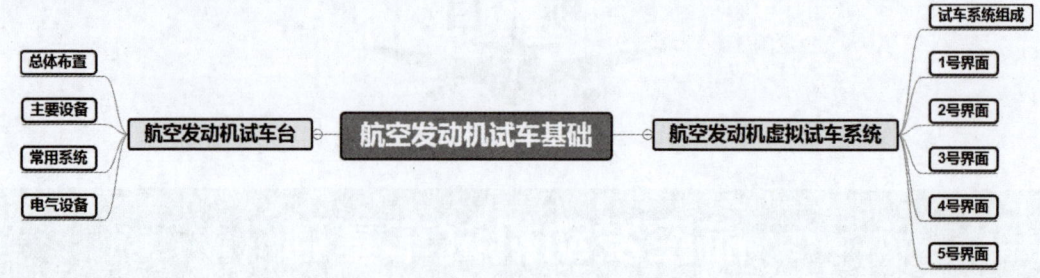

课程思政

中国第一台高空试车台

中国第一台高空试车台

高空试车台全称"航空发动机高空模拟试车台",是可以在地面模拟航空发动机空中工作的环境条件,并获取发动机高空性能/特性等试验数据的大型试验设备。简而言之,就是在地面人工制造高空飞行条件,使安装在地面的发动机如同在高空工作一样,从而验证和考核发动机性能是否满足设计需求,比如它可以模拟 0～30000m 高空飞行环境,也可以模拟 0～3 马赫的速度。它是先进航空发动机自主研发过程中必不可少的一个关键设备,也就是说,一个没有高空台的国家,是不可能独立自主研制出高性能发动机的。风洞用于测试飞行器性能,飞行器要飞起来需要好的发动机,而好的发动机必须经过高空台的测试。

中国高空试车台的起步与研究并不晚,早在 1958 年我国就着手进行航空涡轮发动机高空模拟试验设备的建设。1965 年,我国的 SB101 高空试车台选定在秦岭山区建设。老一辈高空试车台建设者不畏困难,一切从零开始,历经 30 年艰苦卓绝的建设,SB101 高空台于 1995 年顺利通过国家验收,其设备规模在世界上是继美国、俄罗斯、英国、法国后居第五位,在亚洲是第一位,被称为"亚洲第一台"。

任务 1.1　航空发动机试车台

1.1.1　信息单

任务编号	1.1	任务名称	航空发动机试车台

1. 试车台类型

(1)按发动机机种分类。试车台按发动机机种可以分为涡喷、涡扇、涡桨和涡轴发动机试车台。涡喷发动机试车台可以测试各种推力(加力或不加力)的涡喷发动机,有的也可以测试小型涡扇发动机。涡扇发动机试车台的空气流量较大。涡桨或涡轴发动机试车台一般只能专门测试涡桨或涡轴发动机。

（2）按试车台形式分类。试车台按其形式可以分为一字形、U 形、山字形和 L 形试车台。一字形试车台的进气通道、试车间及排气道都是水平的，其特点是进、排气阻力小，占地较长，大功率涡桨发动机试车台多用此形式，如图 1-1 所示。U 形及山字形试车台前后的进气道和排气道都是垂直的，为降低试车车间流速或降低排气温度，有的试车台有两个垂直进气道，一个排气道，呈山形，其特点是便于试车台气动力和噪声控制的综合处理，占地较短，故该形式较常见，如图 1-2 所示。L 形试车台的进气道是垂直的，试车间和排气道是水平的或进气道和试车间是水平的，排气道是垂直的，其特点介于一字形和与 U 形试车台之间，如图 1-3 所示。

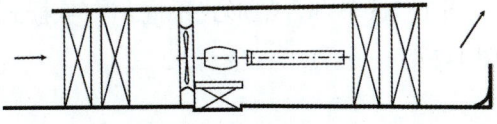

图 1-1　一字形试车台

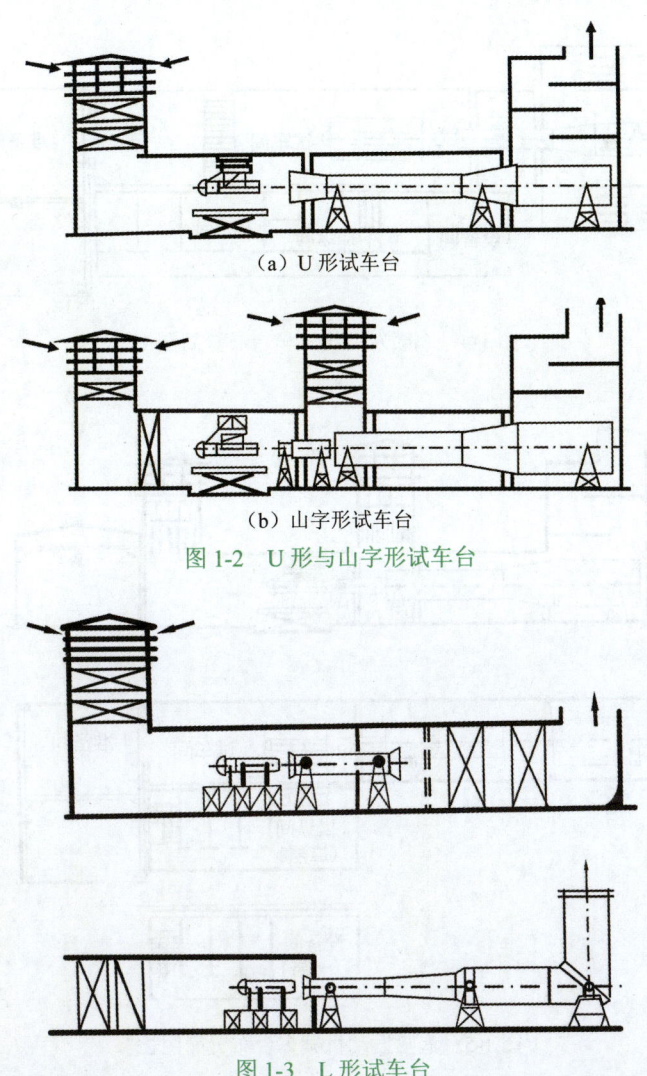

（a）U 形试车台

（b）山字形试车台

图 1-2　U 形与山字形试车台

图 1-3　L 形试车台

下面简单介绍涡喷发动机试车台。图 1-4 所示的试车台适用于推力小于或等于 150kN 的涡喷发动机（含带加力）的生产及科研试车，有较好的气动性能及消声效果。不同的涡喷发动机试车台具有不同的结构，具体表现如下。

（1）试车台台架形式不同，有悬挂式（图 1-4 和图 1-5）和地面支撑式（图 1-6 和图 1-7）。

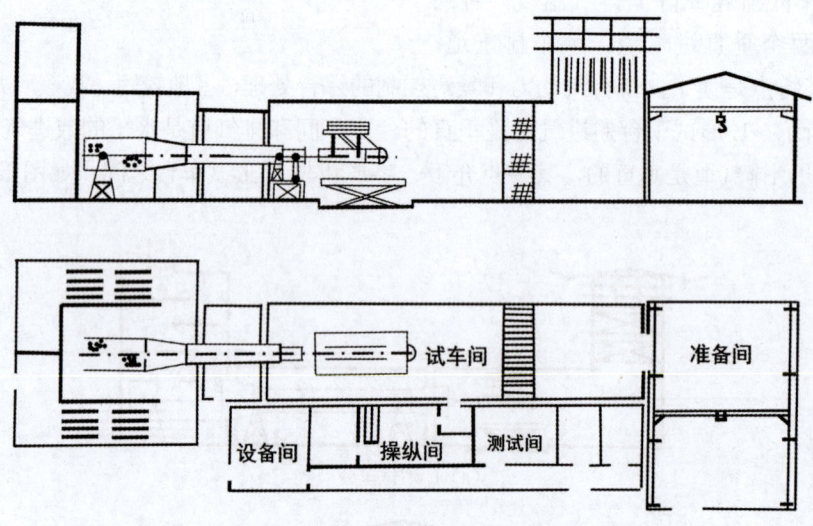

图 1-4　涡喷发动机试车台布置简图 1

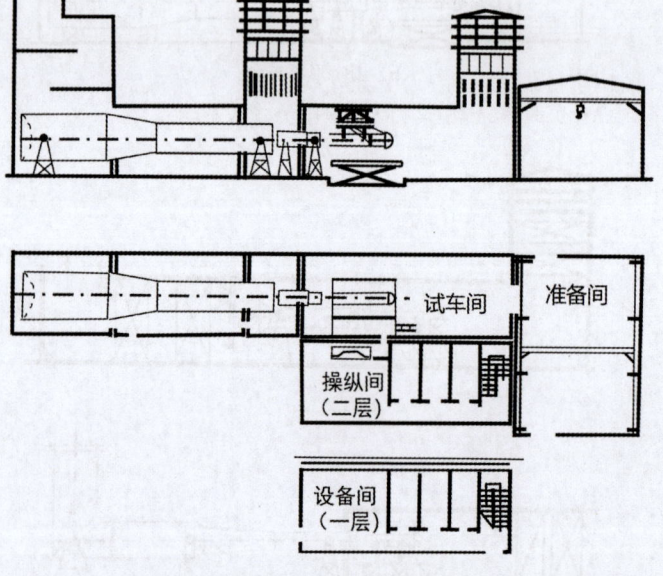

图 1-5　涡喷发动机试车台布置简图 2

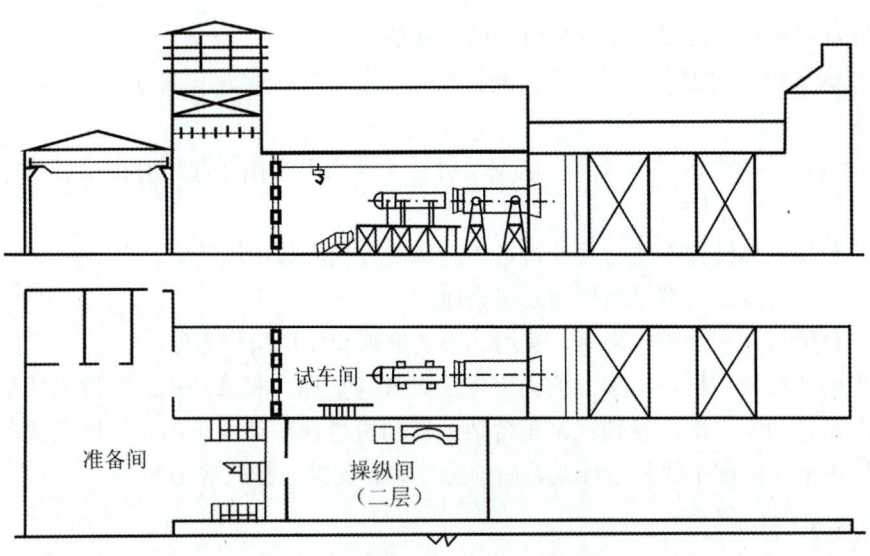

图 1-6　涡喷发动机试车台布置简图 3

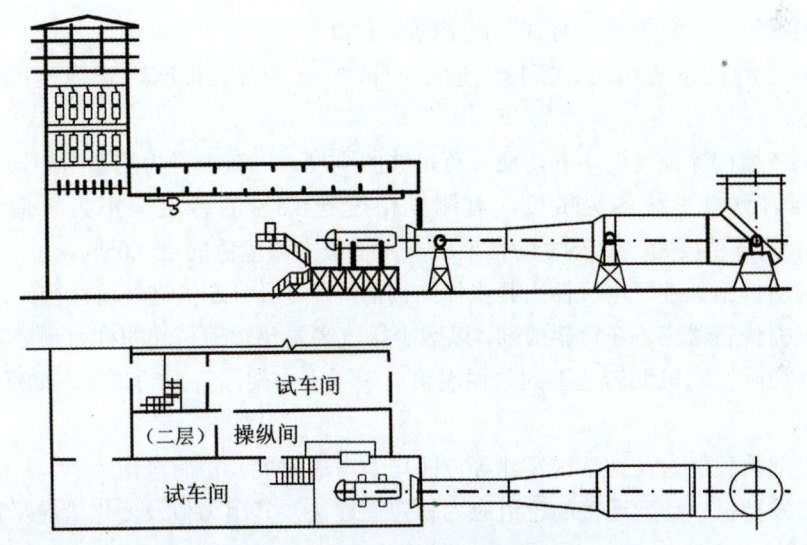

图 1-7　涡喷发动机试车台布置简图 4

（2）发动机的中心高度可以不同（如 3m 或 4m）。

（3）操纵间、设备间等房间可分一层或二层布置。

（4）排气方式可为喷水冷却或二次引射，以降低排气间温度等。

2. 试车台架一般技术要求

试车台架是试车台最主要的设备，其他设备均以它为中心进行布置和安装，试车台架必须满足以下要求：

（1）能承受发动机在各种气象条件下可能产生的最高试车载荷，以及因发动机叶片断裂、发动机喘振等因素产生的短时间破坏载荷。

（2）试车台架的推力（或功率）测量系统应稳定、可靠，其测量精度须满足发动机试车要求。

（3）装有发动机的试车台架，由发动机转子残余不平衡激起所有振动型式中，其固有频率不应高于慢车转速的80%。

（4）台架主体结构不得对发动机进气流场造成扰流和流场畸变。

（5）应考虑发动机型号改型和发展余地。

（6）台架结构应紧凑、简单、实用、安装维修和使用操作方便。

试车台架按发动机在动架上的固定方法可分为支撑式和悬挂式。支撑式试车台架的发动机固定在动架上部，悬挂式试车台架的发动机悬挂在动架下部。悬挂式试车台架又分为壁挂挑梁（或称牛腿）悬挂式、屋顶悬挂式和支撑悬挂式等形式。

3. 涡喷、涡扇发动机试车台架

涡喷、涡扇发动机试车台架由与基础刚性连接的定架，安装发动机并传递推力的挂架（或支架）和动架，定架与动架连接的弹簧片和推力测量系统等组成，推力测量系统包括测力装置和校准装置等。对试车台架的要求如下：

（1）推力测量系统精度。室内一般生产试车台架为 ±0.5%，室内基准试车台架为 ±0.25%。

（2）主体结构除强度要求外，还应有足够的刚度，以减少推力测量附加误差。

（3）推力测量系统的灵敏度。对测量精度 ±0.5% 的台架应不大于最大测量值的 ±0.1%；测量精度为 ±0.25% 的台架应不大于最大测量值的 ±0.05%。

（4）发动机施工进气道应伸出其主体结构前缘不小于1.5倍进气道直径。

（5）推力传感器应装在台架前部，以减少排气高温热辐射引起的推力测量附加误差。

（6）为消除发动机低转速下的共振现象，应减小台架固有振动频率，如适当增加动架质量等。

（7）台架承载能力及其结构尺寸等方面均要考虑发展，留有余地。

（8）与发动机、动架连接的管道应为软弹性连接，其阻力值及变化量应尽量小。

4. 支撑式试车台架

支撑式试车台架简图如图1-8所示，这种试车台架直接固定在试车间的地面上。发动机在台架上的装卸一般用运输车将发动机运到台架前方，用吊车及专用吊具将发动机吊装在发动机支架上，连接各类油管、空气管、测量管及电气插件等。发动机试车时，推力通过动架传至推力传感器，试车后将发动机卸下，吊装在运输车上运出试车间。

此类型试车台架的特点如下：

（1）结构简单，造价便宜。

（2）一般没有固定平台，台架和平台占据从平台前端往后的试车间后段的整个下部空间，使得发动机下部设备拥挤，气流流场也差。

（3）不易实现发动机在台架上的快速装卸。

（4）附件在发动机下部时，调试不方便。

附件在发动机上部及中小型发动机选用这类台架较适宜。

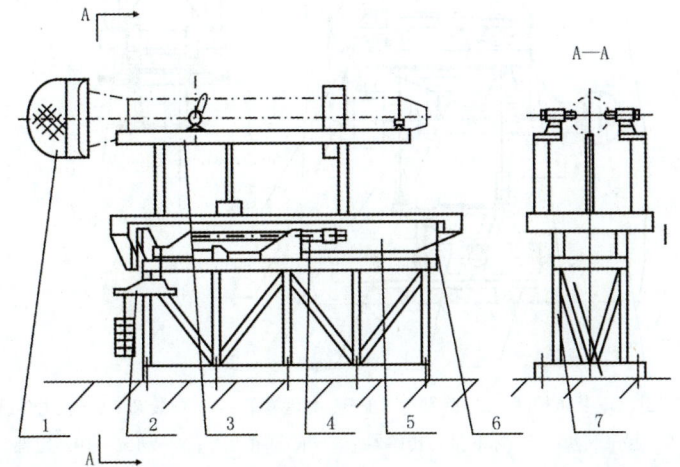

1—防护网；2—台架校准系统；3—支架；4—推力传感器；5—动架；6—弹簧片；7—定架

图 1-8 支撑式试车台架简图

5. 悬挂式试车台架

悬挂式试车台架的发动机悬挂在动架下面（图1-9、图1-10），一般台架本身设有起吊装置。当发动机中心线距地面2.5m以上时，设有升降平台。发动机的装卸通过运输车运至动架下；起吊装置工作，挂架下降；将发动机安装在挂机下面，挂架上升，其上平面与动架下平面接触。通过挂架与动架叉型联接件及锲销将挂架快速固定在动架上，连接各类油、气、测量管及电气插件等。试车后，快速拔出锲销，挂架与动架脱开并下降；将发动机卸下并装在运输车上，运出试车间。

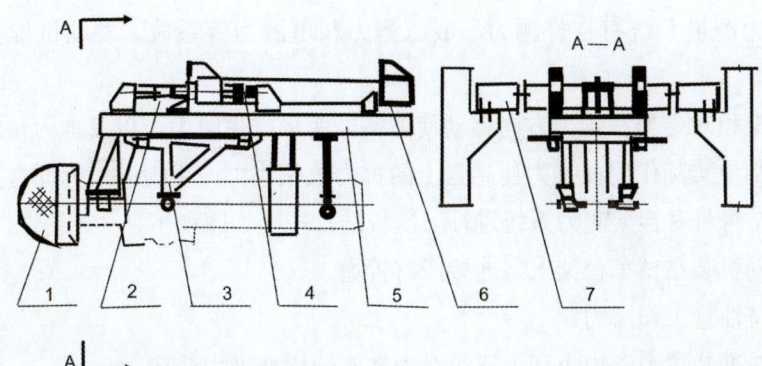

1—施工进气道支架及防护网；2—标准推力传感器；3—挂架；4—推力传感器；
5—动架；6—弹簧片；7—定架

图 1-9 壁挂挑梁（牛腿）悬挂式试车台架

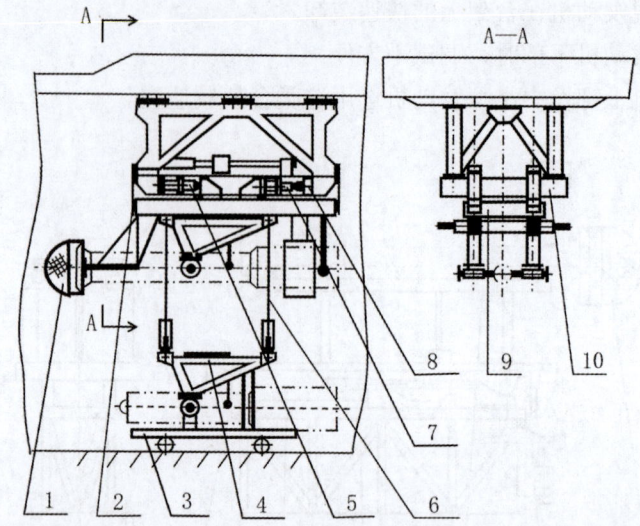

1—施工进气道及防护网；2—弹簧片；3—专用运输车；4—预装架；5—推力传感器；
6—起吊装置；7—标准推力传感器；8—液压加载器；9—动架；10—定架

图 1-10　屋顶悬挂式试车台架

悬挂式试车台架的特点如下：
（1）台架主体构件固定在试车间上部，下部空间宽敞、整齐，气流流场较通顺。
（2）对附件在下面的发动机，调试方便。
（3）容易实现发动机在台架上的快速装卸。
（4）设备较复杂，成本偏高。

6. 发动机推力测量及校准

试车台动架与定架连接的构件型式主要有轴承连杆式、静压轴承式、弹簧片式。其中，弹簧片式没有摩擦阻力，灵敏度高，在台架中应用最广泛。

台架推力测量系统有杠杆测力、液压测力和电测力等系统。发动机推力由推力秤指示。

由于动架相对定架在推力方向移动使弹簧经变形产生阻力，以及推力传感器安装略有偏斜等，都使实际作用在推力传感器上的推力值偏小，产生误差。为此台架上装有校准装置，通常每月对台架测力系统进行一次校准，校准步骤如下：
（1）发动机装在试车台架上，连接所有管道。
（2）保持油管工作压力。
（3）由校准装置力源由小到大逐级对动架施加标准推力载荷。
（4）记录在各标准推力值下推力秤读数。
（5）绘制校准曲线。

（6）调整推力秤，使某一级推力载荷下推力秤读数等于标准推力值。

台架校准精度为 0.5%，即最大推力的 0.5%，如果推力为 4000kg，则校准误差不超过 ±20kg。除了应该保证测量精度，台架灵敏度也必须合格。所谓灵敏度是指测量指针发生肉眼可见的移动时所需最小的力，这个力通常不超过最大推力的 0.2%。

由于静校准推力与发动机试车推力不在同一平面，而产生误差，校准装置无法消除。曾经对各种结构型式的台架进行测试，发现有的台架该误差值较大，为最大测量值的 0.5% 左右。

7．发动机进气道

（1）功用。试车用发动机进气道的功用是把足够数量的外界空气以较小的流动损失导入发动机。

（2）进气道的基本要求：

1）流通能力要满足发动机的工作需要。

2）在发动机各种工作状况下，总压损失最小。

3）进气流场均匀，无畸变。

4）安装方便，固定可靠。

5）应装有测量进气参数和冬季防结冰的装置。

（3）进气道的种类。发动机试车进气道按进气型面划分主要有喇叭口型（即双扭线）进气道、维托辛斯基进气道。

（4）进气道的组成。发动机台架试车用进气道由防尘网、转接段、中间环、橡胶密封圈及固定支架等组成。某涡喷发动机台架进气道安装图如图 1-11 所示。

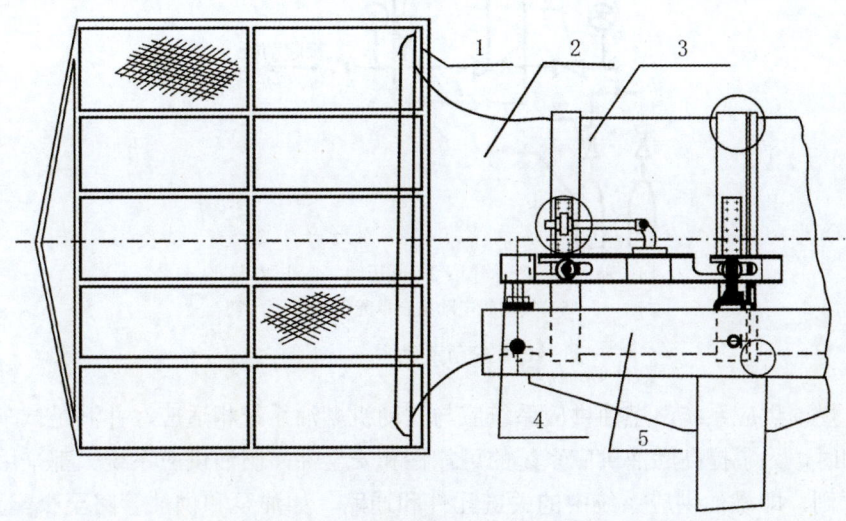

1—防护网；2—进气道；3—转接段；4—进气道支架；5—试车台架

图 1-11　某涡喷发动机台架进气道安装图

8. 试车台常用系统

能满足发动机要求及试车大纲规定，并与飞机上相应系统等效的试车台系统，称为与发动机试车直接相关的系统。例如，汽油、燃油（航空煤油）、滑油、空气、氮气等供应系统；发动机操纵、尾喷口操纵等系统；空压机、液压泵、交直流发电机等负载试验系统；抽真空、引气等系统；油封系统等。

按设备使用性能及试车要求而定的试车台系统，称为试车设备及试车项目所需的系统。例如，试车台架的挂架升降、活动消声段等液压操纵系统；发动机加力筒体及交直流发电机等冷却吹风系统；水力测功器、引射筒内喷水降温等供水系统；减速器等装置用的滑油系统等。

（1）空气起动系统。空气起动系统的作用是给空气起动的发动机提供一定压力的压缩空气，它应满足发动机起动的空气流量、压力、温度及起动时间等要求。试车台必须配备相应型号和容量的空压机，如空压机的压力小于发动机起动的需要，可用储气罐增加容量。

空气起动系统通常由气源及调控阀等附件组成，其系统原理图如图 1-12 所示。气源一般采用储气罐及其空压机充压等装置，储气罐的压力及容量应满足发动机连续起动三次以上，并在约 1h 内再充满。如厂区压缩空气管网能满足发动机要求，也可以作气源用。气动或电动组合单元调节阀主要是保证起动机入口处压力恒定，若要求空气干燥或加温，则在调节阀前加干燥器或加温器；也可用电、蒸气、发动机火焰筒等加温装置干燥空气和加温。

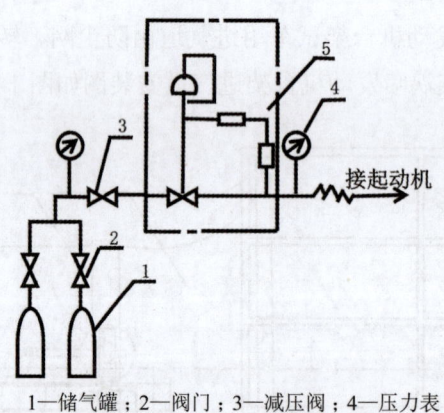

1—储气罐；2—阀门；3—减压阀；4—压力表；
5—气动或电动组合单元调节阀

图 1-12 空气起动系统原理图

（2）燃油供应系统。燃油供应系统应与发动机燃油系统相适应，并满足试车大纲的要求。同时，为了提高燃油供应系统的可靠性和安全性，燃油供应系统大都采用"余度设计"原则，即燃油供应系统中的关键元件和通路，如油泵和供油管路至少配置两套，一旦燃油供应系统中某元件有故障时，备用元件或通路自动接通。燃油供应系统应满足的要求如下：

1）燃油来自专门的油库，其供油方法可用油泵供油、压缩空气油灌供油及高位油箱供油等。

2）按试车要求，除正常试车向发动机燃油增压泵供常温油外，还可供加温的燃油或向加力燃油总管补充供油等。

3）按燃油流量的测量要求，分别测量发动机慢车、最大、加力状态的流量等，测量精度为 0.2%～0.5%。

4）燃油供应系统的管道通径及其各种附件等的总阻力应满足发动机入口处的压力、温度及最大流量要求，并保证加速状态试车时能连续不断地向发动机供油。

5）系统应设有粗、细油滤以过滤燃油中的杂质，过滤精度为 5～10μm（纸质或金属网滤芯）。

6）按需要安装燃油密度计、测量每次试车燃油消耗量的容积流量计、燃油流量计的校准装置等。

7）为安全防火，通常在发动机燃油入口前设置遥控的气动或电动开关（或称防火阀门）；管道还应作静电接地，接地电阻一般为 100Ω。

典型的燃油供应系统原理图如图 1-13 所示。试车准备时将阀门打开，压力表指示供油压力，看是否达到要求，试车时，燃油经容积流量计，粗、细油滤电动阀等主干管道给发动机增压泵供油。需测量慢车、最大、加力状态的流量时，分别开启流量计前的电动阀或电磁阀，同时关闭主干管道的电动阀，使燃油只流经一路通道测试流量。需向加力总管补油时，接通油泵及其有关阀门。如需供发动机加温燃油时，事先起动加温器对燃油加温，试车时调控电动分配阀，加入部分未加温的燃油，使其混合达到要求的温度值。

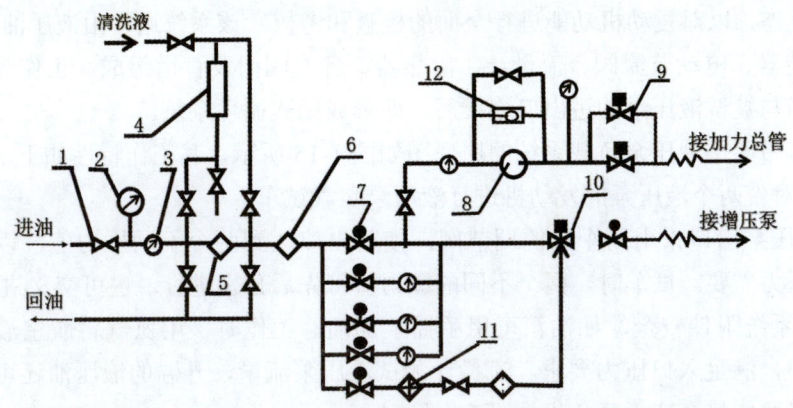

1—阀门；2—压力表；3—流量计；4—密度计；5—粗油滤；6—细油滤；
7—电动阀；8—油泵；9—电磁阀；10—电动分配阀；11—加温器

图 1-13 典型的燃油供应系统原理图

燃油供应系统工作时，油泵、加温器和阀门等的操纵控制及其运行状况指示，均在操纵台上进行及观察。

(3)发动机尾喷口操纵系统。发动机尾喷口操纵系统的作用是在试车前检查发动机尾喷口液压作动筒的全行程时间及喷口直径,在试车时操纵尾喷口的收放。发动机尾喷口操纵系统原理图如图 1-14 所示。该系统通常由油箱、油泵、油滤、蓄能器、电磁操纵开关各类阀门及管道组成。试车时与发动机尾喷口电磁操纵开关连接后,形成一个闭式液压循环系统。起动油泵,将油箱的液压油经油滤、单向阀至电磁操纵开关。控制两个电磁操纵开关向液压作动筒供油,从而操纵尾喷口的收放。试车完后打开电磁阀,回油卸压。发动机尾喷口操纵系统的工作介质常用 10 号或 15 号航空液压油,工作压力一般为 18～21MPa。

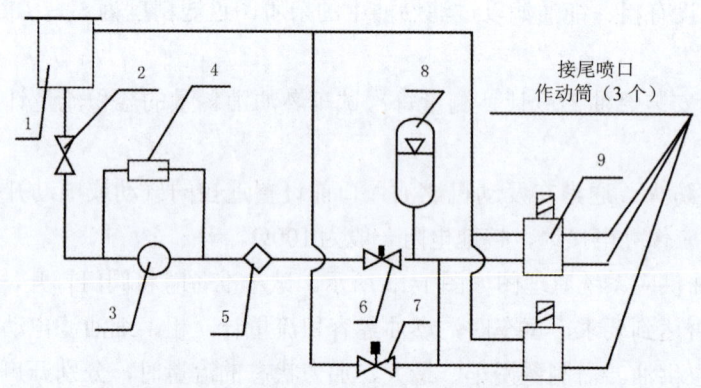

1—油箱;2—阀门;3—油泵;4—安全阀;5—油滤;
6—单向阀;7—电磁阀;8—蓄能器;9—电磁操纵开关

图 1-14 发动机尾喷口操纵系统原理图

(4)液压泵负载系统。在试车台建立液压泵负载系统,主要目的是模拟飞机上液压泵的工作状态,以对发动机功能进行全面的检查和考核。该系统通常由液压油箱、油泵、油滤、蓄能器、电动节流阀、流量计、散热器、各类阀门及管道组成,工作介质为航空液压油。当与被试液压泵的进出口连接后,即形成闭式循环系统。

发动机带两个液压泵负载系统的原理图如图 1-15 所示,其工作特性如下:

1)可对带两个液压泵的发动机进行液压泵负载试车。

2)液压泵出口采用两个比例调节阀,使其出口达到两个不同压力值,以满足被试液压泵的压力需要。试车时,两个不同的压力值可先后分别进行,也可交叉进行。

3)该系统附件较全,如油箱可用手摇泵加油。工作时,用氮气将航空液压油压至液压泵入口,满足入口压力要求。流量计测试液压泵流量,升温的液压油还可经散热器降温,蓄能器使整个液压泵负载系统工作稳定。

(5)抽真空系统。在检查发动机高空加速性时,向发动机主燃油泵高空膜盒室抽取空气,使其室内压力达到规定的真空度,模拟检查发动机高空加速时间和排气温度。

图 1-16 为常见的抽真空系统原理图。它由真空泵、真空表及调节阀组成。工作时,在操纵台上起动真空泵,并控制调节阀的开度,使真空表的指示为气压调节器应达到的真空度。

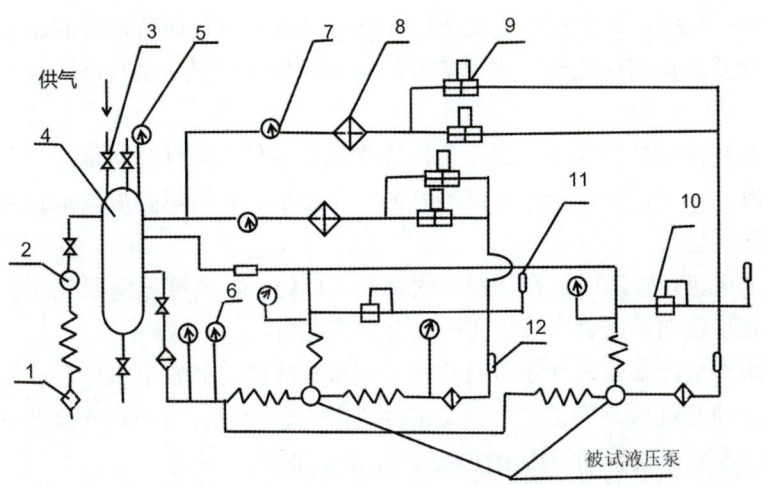

1—油滤；2—手摇泵；3—阀门；4—油箱；5—压力表；6—温度表；7—流量计；
8—散热器；9—比例调节阀；10—溢流阀；11—蓄能器；12—单向阀

图 1-15　发动机带两个液压泵负载系统的原理图

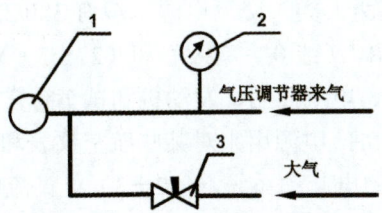

1—真空泵；2—真空表；3—调节阀

图 1-16　常见的抽真空系统原理图

（6）冷却吹风系统。该系统用于试车时对发动机的部件和所带的飞机附件进行强制吹风，起冷却作用。被冷却吹风的部件、附件及其要求按发动机型号及其试车大纲规定而定，具体要求如下：

1）加力状态试车时需对加力筒体进行冷却吹风。几种发动机部件冷却吹风要求见表 1-1。

表 1-1　几种发动机部件冷却吹风要求

序号	需冷却的发动机部件	冷却风量 /（kg/s）	风压 /mmH$_2$O
1	某涡喷发动机加力燃烧室	3.5	总压≥700，动压≥90
2	某涡喷发动机加力燃烧室	7.7	总压≥700，动压≥100
3	某涡桨发动机涡轮外环	0.3～0.4	总压 230～410

注：1mmH$_2$O=9.80665Pa。

2）发动机上的起动电动机、交流发电机、空气压缩机等，起动和负载试验时均需进气冷却吹风。

3）冷却吹风系统主要由风机及风管组成。管道上装有调节板及测压管，与被冷却吹风件入口处的连接需用软管。为保护被冷却吹风件不致过热而烧坏，该系统通常采取以下措施。

①为使系统操纵控制简便，每个需冷却吹风的部件或附件尽可能采用单独的冷却吹风系统。若难以实现，如用一个系统冷却两个发电机，除操纵控制采取措施外，风量与管径还要匹配适当。

②选择通风机及管道时，在被冷却吹风件入口处，其风量与风压应达到要求。

③风机工作状态及风管内风压在操纵台上应有指示。

④通风机与被冷却吹风件还应有连锁控制保护线路。如发动机作负载试验，则先起动风机进行冷却吹风后才能试车；如某部件要做先起动运行再冷却吹风的试车，则要求考虑采用时间继电器或手动等措施控制风机的起动时间。

9. 试车台电源

在选择电源的种类、容量、电压和频率时必须满足发动机试车技术条件及用电设备对电源提出的要求。

常用电源有交流和直流两大类。交流电源一般有380/220V、50Hz和115V、400Hz两种；直流电源一般有24/48V（或0～72V）和（27±3）V两种。380/220V、50Hz电源主要用于试车台电力设备、电气照明、发动机和试车台常用系统的控制、测量和数据采集及处理系统。115V、400Hz电源用来对某些航空仪表和器件供电。24/48V（或0～72V）直流电源用于发动机的电起动系统。（27±3）V直流电源用于发动机和试车台的控制和测量系统。

发动机主要性能参数和参与性能计算的其他参数应实时、同步测量。以工业控制计算机（Industrial Personal Computer，IPC）为核心的自动数据采集和处理系统正在取代常规指针式及数显仪表。典型的试车台用自动数据采集和处理系统原理框图如图1-17所示。

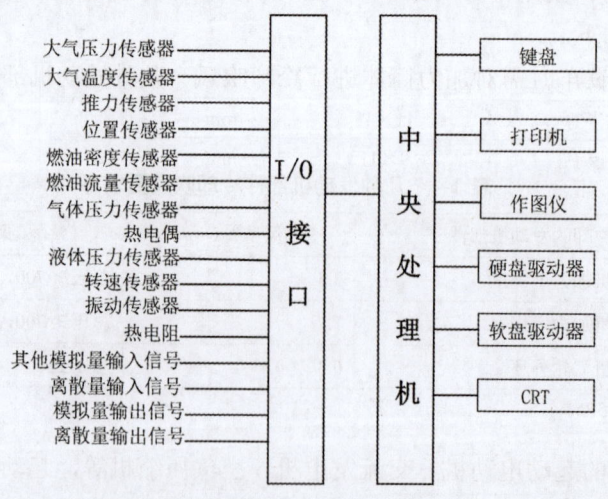

图1-17　典型的试车台用自动数据采集和处理系统原理框图

1.1.2 任务单

任务		航空发动机试车台			
机型		N/A	机号		
工作区域		发动机维修实训中心	版本		R0
工时		90min	开始时间		结束时间	
完成签署/日期			检验签署/日期		
参考文件资料及标准		《发动机维修规程》			
编写/修订			审核		批准	
日期			日期		日期	

类别	工具/设备/辅材				工作者	检查者
	名称	规格型号	单位	数量		
工具	秒表	通用	—	4		
	游标卡尺	0～125	mm	1		
	计算器	通用	—	2		
	手电	通用	—	1		
	尖嘴钳	150	mm	2		
	斜口钳	150	mm	2		
	自动保险钳	通用	—	1		
	一字螺丝刀	150	mm	1		
	一字螺丝刀	200	mm	1		
	套筒扳手	9	mm	1		
	套筒扳手	10	mm	1		
	套筒扳手	11	mm	1		
	组合扳手	4×4	mm	1		
	组合扳手	5×5	mm	1		
	组合扳手	9×9	mm	1		
	梅花扳手	14	mm	1		
	S梅花扳手	11×11	mm	1		
	开口扳手	9×11	mm	2		
	开口扳手	12×14	mm	1		
	开口扳手	14×17	mm	1		
	开口扳手	19×22	mm	1		
	开口扳手	30×32	mm	1		
	喷口直径测具	$M_{28}6360\phi-0001$	—	1		
	层板节流器卸具	M5×50	mm	1		
设备	发动机试车训练系统	—	台	2		
辅材	工作单	—	份	1		
	试车记录单	—	份	1		

续表

类别	名称	规格型号	单位	数量	工作者	检查者
		工具/设备/辅材				
辅材	保险丝	$\phi 0.8$、$\phi 0.5$	mm	各1卷		
	擦布	—	块	2		
	签字笔	—	支	1		
		1. 工作准备			工作者	检查者
阅读相关学习资源 1. 阅读教材项目1 任务1.1 航空发动机试车台 2. 完成在线作业及平台互动						
		2. 工作步骤			工作者	检查者
1. 试车台分类 （1）试车台按其形式可以分为 _____ 、_____ 、_____ 、_____ （2）一字形试车台的特点是 _____ （3）U形及山形试车台特点是 _____ 2. 涡喷发动机试车台架形式有 _____ 和 _____ 3. 试车台架一般技术要求 （1）测量系统应 _____ （2）能承受发动机在各种气象条件下可能产生的 _____ （3）其固有频率不应高于慢车转速的 _____ （4）台架主体结构不得对发动机进气流场造成 _____ 和 _____ （5）台架结构应 _____ 、_____ 、_____ 、_____ 4. 对试车台架的精度要求 （1）室内一般生产试车台架为 _____% （2）室内基准试车台架为 _____% 5. 与发动机、动架连接的管道应为 _____ 连接 6. 支撑式试车台架 （1）结构 _____ ，造价 _____ （2）附件在发动机下部时 _____ 不方便 7. 悬挂式试车台 （1）台架主体构件固定在试车间上部，下部空间宽敞，整齐，气流 _____ 通顺 （2）对附件在下面的发动机，_____ 方便 8. 发动机推力测量及校准 （1）台架校准精度为 _____% （2）试车台动架与定架连接的构件型式主要有 _____ 、_____ 、_____						

续表

2. 工作步骤	工作者	检查者
（3）弹簧片式，它没有_____，有_____高的优点 9. 发动机进气道 （1）进气道功用把足够数量的外界_____以较小的流动_____导入发动机 （2）进气道按进气型面划分主要有_____进气道和_____进气道两种 10. 试车台常用系统 （1）空气起动系统是给空气起动的发动机提供一定压力的_____ （2）燃油供应系统应与发动机燃油系统相适应，并满足_____的要求 （3）按燃油流量的测量精度为_____% （4）粗、细油滤以过滤燃油中的杂质，过滤精度为_____μm （5）发动机尾喷口操纵系统在试车时操纵_____的收放 （6）液压泵负载系统主要是模拟飞机上_____的工作状态 （7）抽取发动机主燃油泵高空膜盒室空气，使其室内压力达到规定的真空度，模拟检查发动机高空加速_____和_____ （8）对发动机的_____和_____强制吹风 （9）试车台电源有：_____和_____两大类		
3. 结束工作	工作者	检查者
清洁工作现场、清点工具		

1.1.3 评估单

实操任务：航空发动机试车台		实训评估单号：任务一		配套实训工卡号：任务一	
姓名		班级		学号	
	工作步骤	评分要素			
		基本技能		维修作风	
1	1. 试车台分类 （1）试车台按其形式可以分为_____、_____、_____、_____ （2）一字形试车台的特点是_____ （3）U形及山形试车台特点是_____ 2. 涡喷发动机试车台架形式有_____和	1. 试车台分类，错填、漏填，每项扣2分 2. 涡喷发动机试车台架形式，错填、漏填，每项扣2分	扣分值： 理由：	1. 工卡未准备到位扣5分 2. 工具清点未到位，漏点或未清点，扣5分	扣分值： 理由：

续表

工作步骤	评分要素			
	基本技能		维修作风	
1	3. 试车台架一般技术要求 （1）测量系统应 _____ （2）能承受发动机在各种气象条件下可能产生的 _____ （3）其固有频率不应高于慢车转速的 _____ （4）台架主体结构不得对发动机进气流场造成 _____ 和 _____ （5）台架结构应 _____、_____、_____、_____	3. 试车台架一般技术要求，错填、漏填，每项扣2分	扣分值： 理由：		扣分值： 理由：
2	1. 对试车台架的精度要求 （1）室内一般生产试车台架为 _____% （2）室内基准试车台架为 _____% 2. 与发动机、动架连接的管道应为 _____ 连接 3. 支撑式试车台架 （1）结构 _____，造价 _____ （2）附件在发动机下部时 _____ 不方便 4. 悬挂式试车台 （1）台架主体构件固定在试车间上部，下部空间宽敞、整齐，气流 _____ 通顺 （2）对附件在下面的发动机，_____ 方便 5. 发动机推力测量及校准 （1）台架校准精度为 _____% （2）试车台动架与定架连接的构件型式主要有 _____、_____、_____ （3）弹簧片式，它没有 _____，有 _____ 的优点	1. 对试车台架的精度要求，错填、漏填，每项扣2分 2. 发动机、动架连接的管道，错填、漏填，每项扣2分 3. 支撑式试车台架，错填、漏填，每项扣2分 4. 悬挂式试车台，错填、漏填，每项扣2分 5. 发动机推力测量及校准，错填、漏填，每项扣2分	扣分值： 理由：	1. 试车台卫生清洁未到位，扣5分 2. 进入试车实训室安全防护未到位，扣5分	扣分值： 理由：

续表

工作步骤			评分要素	
			基本技能	维修作风
3	1．发动机进气道 （1）进气道功用把足够数量的外界_____以较小的流动_____导入发动机 （2）进气道按进气型面划分主要有_____进气道和_____进气道两种 2．试车台常用系统 （1）空气起动系统是给空气起动的发动机提供一定压力的_____ （2）燃油供应系统应与发动机燃油系统相适应，并满足_____的要求 （3）按燃油流量的测量精度为_____% （4）粗、细油滤以过滤燃油中的杂质，过滤精度为_____μm （5）发动机尾喷口操纵系统在试车时操纵_____的收放 （6）液压泵负载系统主要是模拟飞机上_____的工作状态 （7）抽取发动机主燃油泵高空膜盒室空气，使其室内压力达到规定的真空度，模拟检查发动机高空加速_____和_____ （8）对发动机的_____和_____强制吹风 （9）试车台电源有_____和_____两大类		1．发动机进气道，错填、漏填，每项扣2分 2．试车台常用系统，错填、漏填，每项扣2分	扣分值： 理由：	1．发动机试车记录签署不完整，扣5分 2．发动机试车区域整理清洁不到位，扣5分	扣分值： 理由：
标准工时	90min	实际工时	未在标准工时内完成扣2～10分 每超5min扣2分，最多扣10分，不足5min按5min计算	扣分值： 理由：
项目分数		是否通过	是□　　否□	评估员签字：　　　　　　年　月　日

任务 1.2　航空发动机虚拟试车系统

1.2.1　信息单

任务编号	1.2	任务名称	航空发动机虚拟试车系统

1. 试车操纵台

图 1-18 为发动机试车操纵台，其具体组成如下：

（1）发动机虚拟试车系统。

（2）发动机试车操纵台。

（3）发动机油门手柄及角度传感仪。

（4）发动机声音音响系统。

（5）控制辅助动力设备转换、调节、控制开关、状态性能曲线界面。

（6）发动机试车主要参数仪表、信号指示灯、发动机起动、试车步骤和功能性选择界面。

（7）发动机运转试车程序、试车参数、性能参数界面。

（8）发动机试车主要动态参数曲线历程界面。

（9）发动机试车数据打印机。

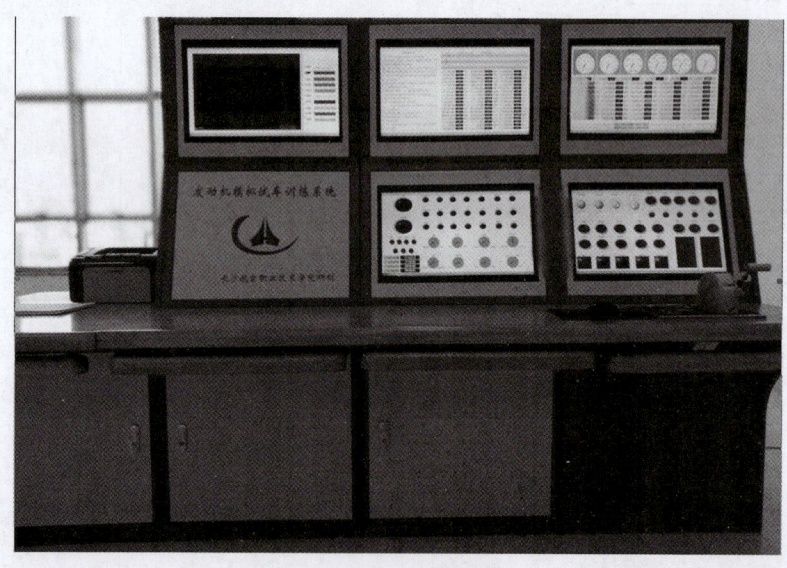

图 1-18　发动机试车操纵台

2. 显示器 1 号界面

图 1-19 为显示器 1 号界面。该界面主要包括发动机起动按钮、等效附加电阻按钮、

起动转换开关及油封转换开关等。起动转换开关主要控制转换发动机的起动和运转；信号灯的开启和熄灭表示相应参数值的变化量。

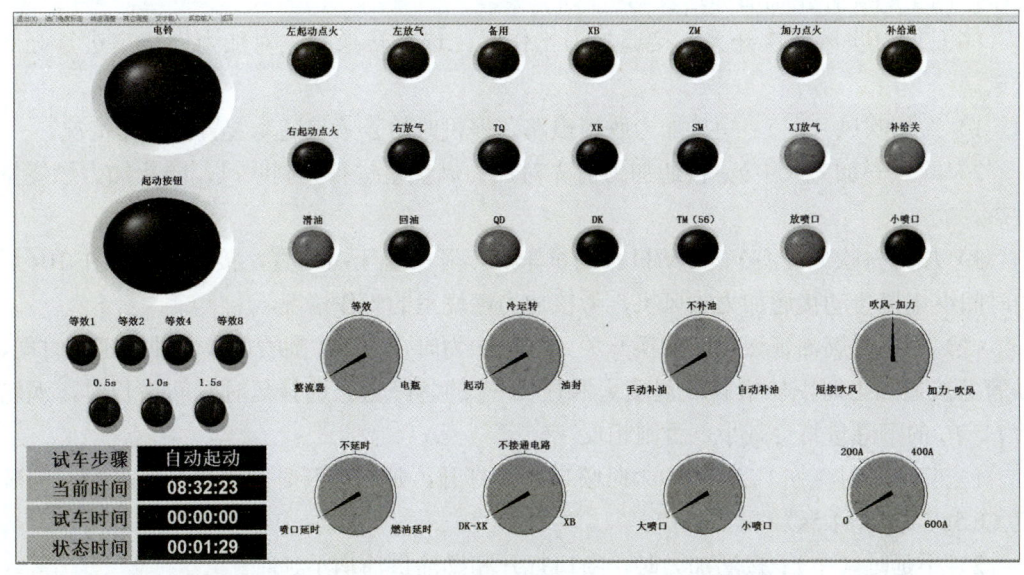

图1-19　显示器1号界面

显示器1号界面控制按钮及开关介绍如下。

（1）起动按钮。起动的类型包括启封、假开车、冷运转、试等效、自动起动、等效起动、冷热悬起动。接通各起动的相应按钮后，按下起动电铃及起动按钮，发动机可进行运转或起动。

（2）等效附加电阻按钮。选择附加电阻等效1、等效2、等效4、等效8不同组别调整发动机等效起动电源，模拟外场起动电源的工作特性，确保使用外场电源起动发动机的可靠性。

（3）起动转换开关。控制转换发动机自动起动或等效起动的电源电路。

1）整流器（左）：接通整流器自动起动电路。

2）等效（中）：接通整流器等效起动电路。

3）电瓶（右）：接通电瓶供电自动起动电路。

（4）油封转换开关。控制转换发动机起动、冷运转、油封的电源电路。

1）起动（左）：接通发动机自动起动电路（点火、供油、起动电压转换），起动电压由24V转换为48V。

2）冷运转（中）：接通发动机冷运转电路（不点火、不供油、起动电压不转换），起动电压24V。

3）油封（右）：接通发动机油封运转电路（不点火、供油、起动电压转换），起动电压由24V转换为48V。

（5）补油转换开关。发动机起动补油与不补油的起动，检查主燃烧室的点火情况。

1）不补油（中）：起动时补油电磁开关电路断开不工作。

2）自动补油（右）：按下起动按钮第 16.6s 时，起动补油电磁开关由自动装置接通电路，向主燃烧补充燃油加速发动机的起动。

（6）加力吹风转换开关。接通加力工作时，选择转换开关对加力燃烧室进行强制吹风。

1）短接吹风（左）：短接加力联锁电路，停机时检查喷口随动装置的工作情况。

2）吹风—加力（中）：接通加力前先对加力燃烧室进行强制吹风，防止加力燃烧室过热。

3）加力—吹风（右）：发动机长期试车时，开关置于右位置，接通加力工作 10s 后由时间继电器自动接通加力吹风机，考核加力燃烧室的工作情况。

（7）喷口或燃油延迟时间转换开关。接通加力时，选择控制喷口或燃油的延时时间，以满足接通加力时涡轮后排气温度 t_4 和压力 P_4 的急降值。选择延时时间增长时，涡轮后 t_4、P_4 的下降量将会减小，否则相反。

1）喷口延时（左）：接通加力时喷口延时打开，延迟打开时间由选择的延时时间确定（0.5s、1.0s、1.5s）。

2）不延时（中）：接通加力时，喷口打开和燃油供油均不延时。

3）燃油延时（右）：接通加力时，加力燃烧室延时供油，延时供油时间由选择的延时时间确定（0.5s、1.0s、1.5s）。

（8）喷口转换开关（DK、XK、XB）。发动机工作时，检查高压转子 DK、XK、XB 的协动转速，凸轮协动后控制转换喷口的收放电路，使喷口放大或缩小。

1）开关置于 DK、XK（左）：检查 XK、DK 协动转速时，慢推油门手柄（微调），当达到 XK 协动转速时，喷口由最大直径位置转换到最小直径位置，同时 XK 信号灯点亮。然后慢收油门手柄，当达到 DK 协动转速时，喷口由最小直径位置转换到最大直径位置，同时 DK、XK 信号灯熄灭。

2）开关置于不接通电路（中）：转速操纵盒控制电路断电，喷口自动放大到最大直径位置（全加力位置）。

3）开关置于 XB（右）：检查喷口缩小凸轮（XB）协动转速，首先将转换开关置于"不接通电路"位置（中），此时喷口转换到最大喷口直径，然后将转换开关置于 XB（右），慢推油门手柄（微调），当达到喷口缩小凸轮（XB）协动转速时，喷口转换到最小直径位置，同时 XB 信号灯点亮。

（9）发电机加载转换开关。

在规定状态下加载发电机，检查发电状态工作情况，以满足飞机用电设备的需要。

加载开关分 0、200A、400A、600A 四个加载挡位，0 挡位不接通加载电路，发电机分别加载 200A、400A、600A。

3. 显示器 2 号界面

图 1-20 为显示器 2 号界面。该界面主要包括带信号灯的起动及附件电源控制开关；

高空加速性真空度调节开关、燃油流量调节开关；发动机稳定工作状态下的推力、燃油耗油率标准曲线；发动机工作时实测推力及燃油耗油率工作点实时显示。

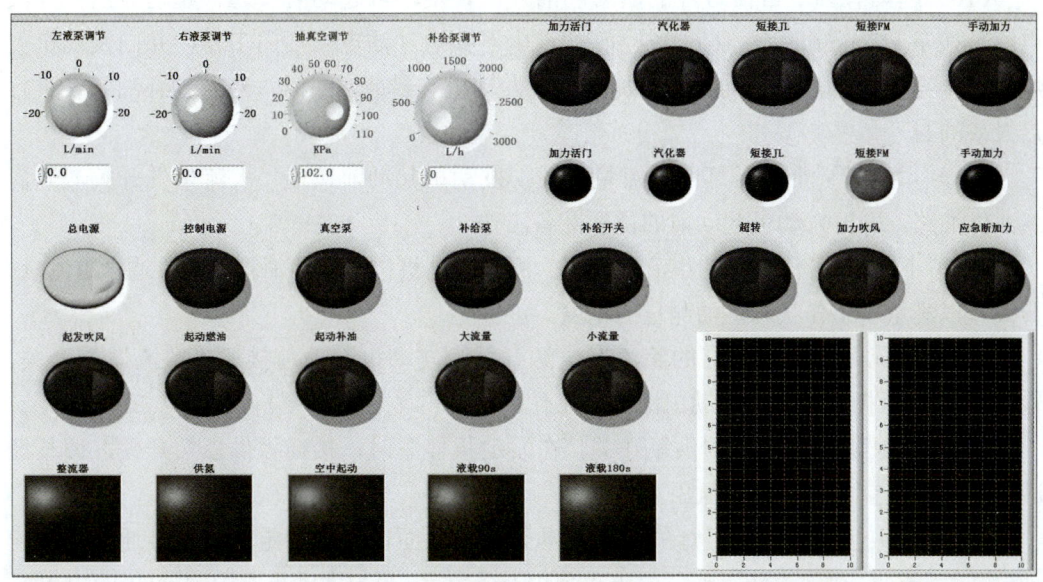

图 1-20　显示器 2 号界面

显示器 2 号界面各电源控制开关介绍如下。

（1）总电源：发动机及台架设备、控制操纵台、调节系统总电源开关。

（2）控制电源：发动机直流控制电源。发动机起动、状态控制系统、自动操纵系统、电磁活门及附件电源开关。

（3）真空泵：带信号的真空泵电源开关。检查慢车到最大高空加速性时真空泵的接通，抽取高空修正器膜盒腔室的空气量。

（4）补给泵：带信号灯的补油泵电源开关。录取全加力状态性能时，补充加力燃烧室燃油流量，满足发动机全加力状态下的燃油量，使推力符合技术规定。

（5）补给开关：带信号灯的补给燃油电磁开关。录取全加力状态性能时，接通补给燃油电磁开关，向加力燃烧室补充燃油。

（6）加力吹风：带信号灯的加力吹风开关。接通加力工作前，接通加力吹风电动机，为加力燃烧室强制吹风冷却，防止加力燃烧室因温度过高而损坏。

（7）应急断加力：带信号灯的加力总电源开关。接通加力前，接通"应急断加力"电源电路，加力系统控制电源电路接通。

零下温度试车时，在小加力状态下，用"应急断加力"电门断开加力的方法检查发动机在过负荷试车情况下低压转子转速的急增量。

（8）起发吹风：带信号灯的起发吹风开关。发动机起动前接通起发吹风机，为起动电动机进行强制吹风冷却，防止电动机因温度过高而损坏。

（9）起动燃油：带信号灯的起动燃油开关。发动机起动前接通"起动燃油"开关，起动时燃油电磁活门由起动时间继电器控制接通，为起动点火器点火提供燃油。

（10）起动补油：带信号灯的起动燃油开关。发动机起动前接通"起动补油"开关电路，按下起动按钮后达16.6s时，时间继电器接通补油电磁活门工作，并向发动机主燃烧室补充起动燃油，发动机起动加速。在发动机启封或油封时，对起动补油系统进行启封或油封。

（11）大流量：带信号灯的大流量开关。发动机起动前接通"大流量"开关，开启燃油供油路，做好发动机起动前的供油准备工作。

（12）小流量：带信号灯的小流量开关。测量发动机慢车燃油消耗量时接通"小流量"开关，以满足小工作状态燃油测量的精度。

（13）整流器：带信号灯的整流器电源开关。发动机起动前接通"整流器"开关，输出24V电压指示，做好起动电路准备工作。

（14）供氮：带信号灯的供氮开关。在发动机停车时，接通"供氮"开关，调整经减压器发动机空中起动的供氮压力。

（15）空中起动：带信号灯的空中起动开关。地面试车在规定转速下接通"空中起动"开关，点火、供氮系统工作并向点火器内充入氮气，模拟发动机空中起动的工作状态，检查空中起动性能。

（16）液载90s：带信号灯的液压泵加载开关。接通"液载90s"开关，对飞机附件液压泵进行加载，以满足飞机液压操纵系统工作的需要，90s后自动断开停止加载。

（17）液载180s：带信号灯的液压泵加载开关。接通"液载180s"开关，对飞机附件液压泵进行加载，以满足飞机液压操纵系统工作的需要，180s后自动断开停止加载。

（18）加力活门：带信号灯的加力泵供油电磁活门。发动机启封、油封前接通"加力活门"开关，运转时对加力泵燃油系统进行油封或启封。

接通加力状态前，接通"加力活门"开关准备电路接通，当油门手柄达到加力接通最小角度以上时，加力电路接通，加力泵工作并向加力燃烧室供应燃油。

（19）汽化器：带信号灯的汽化器电磁活门开关。在发动机启封、油封前接通"汽化器"电磁活门开关，运转时对汽化器燃油系统进行启封或油封。

接通加力前，接通"汽化器"电磁活门开关准备电路接通，当油门手柄达到加力接通最小角度以上时电磁活门通电工作，并向加力预燃室提供油气混合气，预燃室点火工作。

（20）调节开关：

1）左、右液压泵调节：液压泵加载流量调节。发动机试车时，分别调节左、右液压泵加载流量达到规定值。

2）抽真空调节：高空修正器真空度调节开关。检查发动机高空加速性时，按规定调节抽取高空修正器膜盒室的真空度。

3）补给泵调节：全加力状态补油量调节。全加力状态工作时补充加力燃烧室内的燃油量，提高发动机的推力并检查涡轮落压比调节器的工作情况。

4. 显示器 3 号界面

图 1-21 为显示器 3 号界面。该界面主要显示发动机试车时的主要参数，如转速、推力、涡轮后排气温度、滑油压力、燃油压力、燃油流量等各主要参数；发动机启封（假开车）、冷运转及各种起动；发动机 5 个稳定工作状态的性能参数及性能录取；发动机各瞬态的加减速性、操纵性及其他功能性检查。

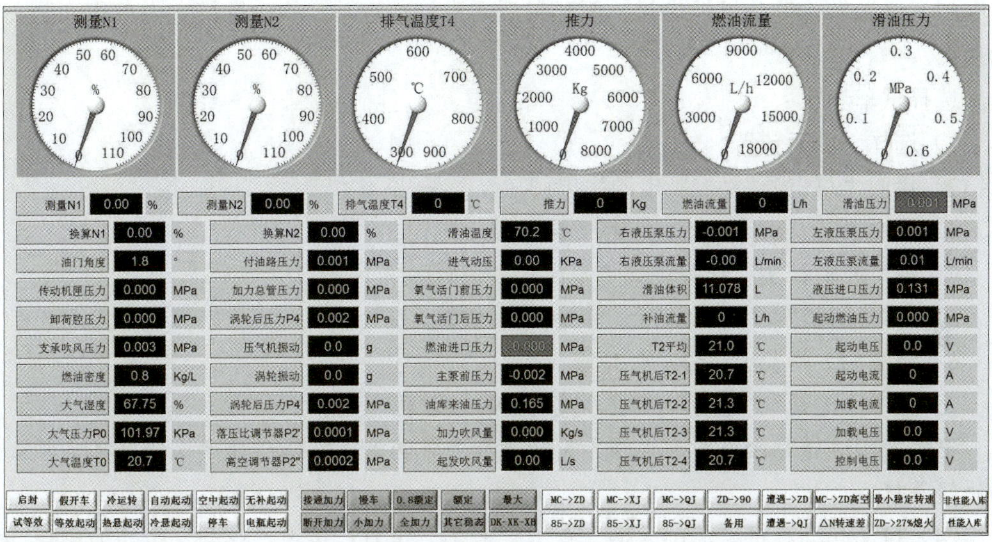

图 1-21　显示器 3 号界面

显示器 3 号界面各个显示的介绍如下。

（1）发动机内部启封。发动机燃油系统经油封后和装配后的第一次试车前，需对发动机燃油系统内部进行启封。

选择试车步骤：

1）选择"启封"。

2）接通"总电源""控制电源"电门。

3）接通"起发吹风""起动燃油""起动补油""大流量""整流器"电门。

4）接通"加力吹风""应急断加力""加力活门""汽化器"电门。

5）将"起动转换"开关转到"整流器"位置。

6）将"油封转换"开关转到"油封"位置。

7）将油门手柄置于"慢车"位置（11.5°±1°）。

8）按下"电铃""起动"按钮，发动机运转进行内部启封。

（2）假开车。经拆装后的附件、导管安装后需进行假开车检查安装质量，检查各连接管路的密封性。

选择试车步骤：

1）选择"假开车"。

2）接通"总电源""控制电源"电门。

3）接通"起发吹风""大流量""整流器"电门。

4）将"起动转换"开关转到"整流器"位置。

5）将"油封转换"开关转到"油封"位置。

6）将"油门手柄"置于"慢车"位置（11.5°±1°）。

7）按下"电铃""起动"按钮，发动机开始运转。

（3）冷运转。发动机经启封、假开车后需进行冷运转，吹出燃烧室内部积油防止起动超温。

选择试车步骤：

1）选择"冷运转"。

2）接通"总电源""控制电源"电门。

3）接通"起发吹风""大流量""整流器"电门。

4）将"起动转换"开关转到"整流器"位置。

5）将"油封转换"开关转到"冷运转"位置。

6）将油门手柄置于"停车"位置。

7）按下"电铃""起动"按钮，发动机开始运转。

注意：①运转时检查发动机转子灵活性和异常声音；②高压转子未停转之前禁止移动油门手柄。

（4）自动起动。将"油门手柄"置于"慢车"位置，按下"起动"按钮后由自动装置完成发动机的起动并进入"慢车"状态。

选择试车步骤：

1）选择"自动起动"。

2）接通"总电源""控制电源"电门。

3）接通"起发吹风""起动燃油""起动补油""大流量""整流器"电门。

4）将"起动转换"开关转到"整流器"位置。

5）将"油封转换"开关转到"起动"位置。

6）将"油门手柄"置于"慢车"位置（11.5°±1°）。

7）按下"电铃""起动"按钮，发动机开始起动。

计算机数采系统自动记录参数：滑油压力出现的时间、起动机脱开凸轮（TQ）协动转速、起动断开凸轮（QD）协动转速、左放气活门关闭转速、右放气活门关闭转速、起动到慢车转速的时间、涡轮后排气温度 t_4 急增最高峰值。

（5）空中起动。在工作的发动机上，模拟发动机空中停车后的再次起动，检查发动机空中起动性能，确保发动机使用安全。

选择试车步骤：

1）选择"空中起动"。

2）低压转子转速在 n_1=85% 工作 1min。

3）迅速将"油门手柄"置于"停车"位置。

4）当低压转子转速 n_1 下降到规定范围内时，推油门手柄到"慢车"位置，同时接通"空中起动"电门，供油、点火及供氮系统开始工作。

5）发动机转速开始应平稳上升并进入"慢车"状态。

（6）调整等效电源。调试台架等效电源，是将台架起动电源的输出功率等效于外场起动电源输出功率，确保发动机外场起动安全、可靠。

选择试车步骤：

1）选择"试等效"。

2）接通"总电源""控制电源"电门。

3）接通"起发吹风""大流量""整流器"电门。

4）将"起动转换"开关转到"整流器"位置。

5）将"油封转换"开关转到"油封"位置。

6）任选一组等效电阻（等效1、等效2、等效4、等效8）。

7）将"油门手柄"置于"停车"位置。

8）按下"电铃""起动"按钮，发动机运转。

9）运转时间达 20s 时，高压转子转速应在规定转速范围内。

（7）热悬起动。热悬起动是检查发动机在富油条件下的起动性能，为发动机在外场使用中留有调整余量，确保发动机在不同大气条件下的起动。

选择试车步骤：

1）选择"热悬起动"。

2）在显示器1号界面选择"其他调整"。

3）选择"自动起动调整"，调整螺钉里拧一圈，单击"确定"按钮。

4）接通"总电源""控制电源"。

5）接通"起发吹风""起动燃油""起动补油""大流量""整流器"电门。

6）将"起动转换"开关置于"等效"位置，油封转换开关置于"起动"位置。

7）将"油门手柄"置于"慢车"位置（11.5°±1°）。

8）按下"电铃""起动"按钮，发动机开始起动。

注：数采系统自动记录起动参数。

（8）冷悬起动。冷悬起动是检查发动机在贫油条件下的起动性能，为发动机在外场使用中留有调整余量，确保发动机在不同大气条件下的起动。

选择试车步骤：

1）选择"冷悬起动"。

2）在显示器1号界面选择"其他调整"。

3）选择"自动起动调整"栏，将调整螺钉在热悬位置上外拧两圈，单击"确定"按钮。

4）接通"总电源""控制电源"。

5）接通"起发吹风""起动燃油""起动补油""大流量""整流器"电门。

6）将"起动转换"开关转到"等效"位置，油封转换开关转到"起动"位置。

7）将"油门手柄"置于"慢车"位置（11.5°±1°）。

8）按下"电铃""起动"按钮，发动机开始起动。

注：数采系统自动记录起动参数。

（9）等效起动。等效起动是在完成调整冷热悬起动之后，将自动起动调整螺钉置于两者起动的中间位置检查起动性能，确保发动机自动调整螺钉在任意位置上安全、可靠的起动。

选择试车步骤：

1）选择"等效起动"。

2）在显示器1号界面选择"其他调整"。

3）选择"自动起动调整"栏，将调整螺钉在冷悬位置上里拧一圈，单击"确定"按钮。

4）接通"总电源""控制电源"。

5）接通"起发吹风""起动燃油""起动补油""大流量""整流器"电门。

6）将"转换"开关转到"等效"位置，"油封转换"开关转到"起动"位置。

7）将"油门手柄"置于"慢车"位置（油门角度11.5°±1°）。

8）按下"电铃""起动"按钮，发动机开始起动。

注：数采系统自动记录起动参数。

（10）停车。在"慢车"状态工作规定时间后，将油门手柄收到"停车"位置，发动机即可停车。

注意：停车前单击"停车"步骤，系统自动记录高、低压转子的惯性时间。①选择试车步骤"停车"；②将油门手柄置于"停车"位置，发动机停车；③系统自动记录高、低压转子的惯性时间。

（11）工作状态。该型发动机主要稳定工作状态有："慢车"状态、0.8额定状态、额定状态、最大状态、小加力状态、全加力状态。

选择试车步骤：

1）选择进入工作状态的步骤。

2）显示器2号界面显示该状态的标准曲线，该状态推力、耗油率工作点实时显示在曲线上。

3）状态稳定工作3min后单击"性能入库"。

注：系统在显示器4号界面记录发动机推力、耗油率、台架点及转差率。

（12）接通加力。检查加力接通点火时间、低压转子转速n_1的急增量、涡轮后排气温度t_4急降量及涡轮后P_4压力急降量。

选择试车步骤：

1）选择"接通加力"。

2）接通"应急断加力""加力吹风""加力活门""汽化器"电门。

3）将"油门手柄"迅速推到全加力状态位置，检查加力接通。

计算机数采系统自动记录以下参数：加力接通的点火时间、低压转子转速 n_1 的急增量、涡轮后排气温度 t_4 的急降量、涡轮后 P_4 压力的急降量。

（13）喷口转换（DK、XK、XB）。检查喷口在规定转速下各凸轮（DK、XK、XB）协动转速，确定在规定转速下喷口的收放。

选择试车步骤：

1）选择试车步骤 DK－XK－XB。

2）将"转换"开关置于 DK－XK（左）。

3）推收油门手柄，检查喷口缩小转换凸轮（XK）协动转速时（$n_2 = 66^{+2}_{-1}\%$）喷口收小，同时 XK 信号灯点亮；系统自动记录喷口缩小转换凸轮（XK）协动转速。收油门检查喷口放大转换凸轮（DK）协动转速时（$n_2 = 60^{+1}_{-2}\%$）喷口放大，同时 DK 信号灯熄灭，计算机数采系统自动记录喷口放大转换凸轮（DK）协动转速。

4）将"转换"开关置于"不接通电路"（中）喷口，转换到"全加力"位置，XK、DK 信号灯同时熄灭。

5）将"转换"开关置于"XB"（右）。

6）微调油门手柄，检查喷口缩小凸轮（XB）协动转速时（$n_2=70\pm1\%$）喷口收小，同时 XB 信号灯点亮，计算机数采系统自动记录喷口缩小凸轮（XB）协动转速。

（14）MC→ZD（低空）或 85%→ZD。检查"慢车"或 85% 到最大状态加速性。

选择试车步骤：

1）选择"MC→ZD"或"85→ZD"。

2）"慢车"状态稳定工作后，用 1.5～2.0s 的时间推油门手柄到"最大"状态（64°～72°）保持工作 10s。

计算机数采系统自动记录参数：低压转子转速 n_1 的急增值、低压转子转速到达 n_1=99% 的加速时间、涡轮后排气温度 t_4 急增最高峰值。

（15）MC→ZD（高空）。检查"慢车"到"最大"状态高空加速性。按型号规范规定抽取高空修正器膜盒腔内空气量，检查发动机高空加速性。

选择试车步骤：

1）选择"MC→ZD"。

2）接通"真空泵""抽真空调节"开关。

3）按规定抽取高空修正器膜盒腔内空气量。

4）用 1.5～2.0s 的时间推油门手柄到"最大"状态（64°～72°）保持工作 10s，检查发动机高空加速性。

5）计算机数采系统自动记录抽取高空修正器膜盒腔内空气量的加速时间。

（16）MC→XJ 或 85%→XJ。检查"慢车"和 85% 到"小加力"加速性，加速时间按接通加力的声音。

选择试车步骤：

1）选择"MC → XJ"或"85 → XJ"。

2）接通"应急断加力""加力吹风""加力活门""汽化器"电门。

3）"慢车"状态稳定工作后，用1.5～2.0s的时间推油门手柄到"小加力"状态位置。

计算机数采系统自动记录参数：低压转子转速n_1的急增值、涡轮后排气温度t_4急增最高峰值、加速时间。

（17）MC → QJ 或 85% → QJ。检查"慢车"和85%到"全加力"加速性，加速时间按接通加力的声音计时。

选择试车步骤：

1）选择"MC → QJ"或"85 → QJ"。

2）接通"应急断加力""加力吹风""加力活门""汽化器"电门。

3）在慢车稳定工作后用1.5～2.0s的时间推油门手柄到"全加力"状态。

计算机数采系统自动记录参数：低压转子转速n_1的急增值、涡轮后排气温度t_4急增最高峰值、加速时间。

（18）ZD → 90。检查"最大"状态到低压转子转速n_1=90%的减速性。

选择试车步骤：

1）选择"ZD → 90"。

2）将转速调整到$n_1 = 89^{0}_{-0.5}$%范围内，然后在油门手柄分度盘上做出转速相应的标记线，将油门推到"最大"状态位置。

3）以1.5～2.0s的时间将油门手柄迅速收到分度盘标记线位置。

计算机数采系统自动记录如下参数：低压转子转速n_1到90%的减速时间。

（19）遭遇 → ZD。遭遇到"最大"状态加速性。

选择试车步骤：

1）选择"遭遇→ ZD"。

2）最大状态保持工作稳定后迅速收油门手柄到"慢车"状态，当转速下降到规定范围内时，迅速推油门手柄到"最大"状态位置。

计算机数采系统自动记录参数：低压转子转速n_1的急增值、涡轮后排气温度t_4急增最高峰值。

（20）遭遇→ QJ。遭遇"全加力"状态加速性。

选择试车步骤：

1）选择"遭遇→ QJ"。

2）接通"应急断加力""加力吹风""加力活门""汽化器"电门。

3）在最大状态稳定工作后速度收油门手柄到"慢车"状态，当转速n_1下降到72%～85%时，迅速快推油门手柄到"全加力"状态。

计算机数采系统自动记录参数：低压转子转速 n_1 的急增值、涡轮后排气温度 t_4 急增最高峰值。

（21）ΔN 转速差。检查发动机在"最大"状态时喷口在"最大"状态和"全加力"状态下低压转子 n_1 的转速差，其目的是检查转速调节器的静态误差。

选择试车步骤：

1）在最大状态下保持稳定工作后，记录低压转子转速 n_1。

2）选择步骤"ΔN 转速差"，接通"应急断加力"电门。

3）将油门手柄推到"全加力"状态位置，此时，喷口放大到全加力状态位置，转速稳定 10s 后记录低压转子转速。

4）将第 1）和 3）项转速比较得出转速差，即为转速调节器的静态误差，差值应不大于规定值。

计算机数采系统自动记录 ΔN 转速差。

（22）性能入库。录取发动机 5 个主要稳定工作状态的性能参数。

选择试车步骤：

1）选择需录取性能的工作状态（0.8 额定、额定、最大、小加力、全加力）。

2）稳定工作后单击"性能入库"。

3）系统自动计算该状态下的推力、耗油率等参数。

注："非性能入库"主要对其他参数及手动输入参数记录，并可将打印在试车记录单上。

5. 显示器 4 号界面

图 1-22 为显示器 4 号界面，该界面主要显示发动机试车程序、稳态和瞬态参数。主要有发动机初步运转和最终运转试车程序；发动机主要稳定工作状态各性能参数的实测值和换算值；发动机起动过程中各参数的实时记录；发动机各加减速性参数的实时记录；发动机台架点、转差率计算值。

显示器 4 号界面，各个显示的介绍如下。

（1）发动机试车程序。

试车程序：发动机初步运转试车。

（2）发动机瞬态参数。

1）起动参数。滑油出现时间、起动机脱开转速、左右放气活门关闭转速、涡轮后排气温度的急增、到达规定转速的时间、起动结束断开转速等。

2）加减速性。加减速性时间、转速的急增、副油路压力急增、排气温度急增和急降、加力点火时间、P_4 压力的急降等。

3）凸轮协动转速。发动机喷口转换凸轮协动转速（DK、XK、XB）、加力联锁凸轮（JL）协动转速、ΔN 转速差。

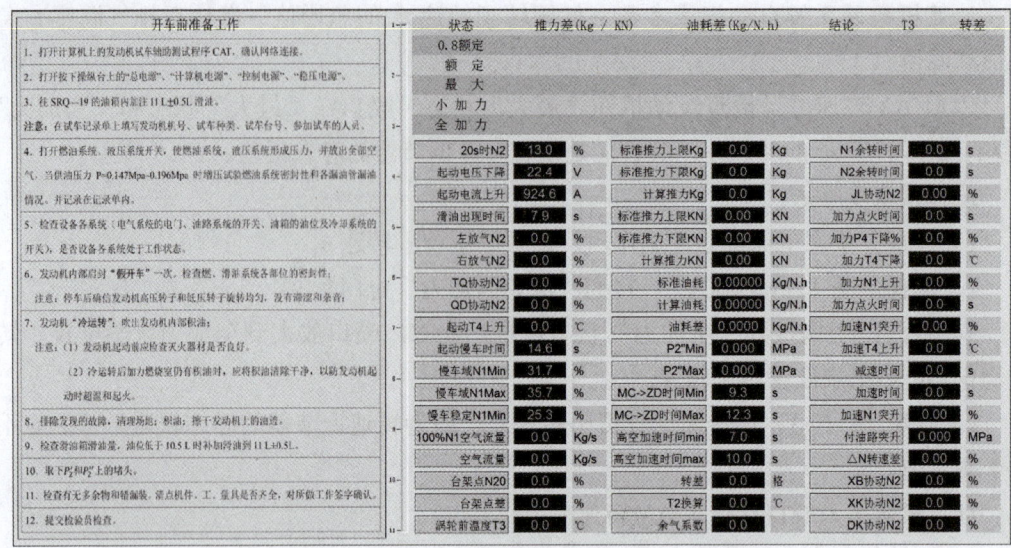

图1-22 显示器4号界面

(3) 发动机稳态性能参数。

1) 0.8额定状态、额定状态、最大状态、小加力状态、全加力状态。

2) 推力（F）、耗油率（sfc）、涡轮前t_3^*温度、台架点（n_{20}）、转差率（ΔS）。

6. 显示器5号界面

图1-23为显示器5号界面，该界面主要显示参数动态曲线历程。发动机试车时，各参数随油门手柄的变化而变化。

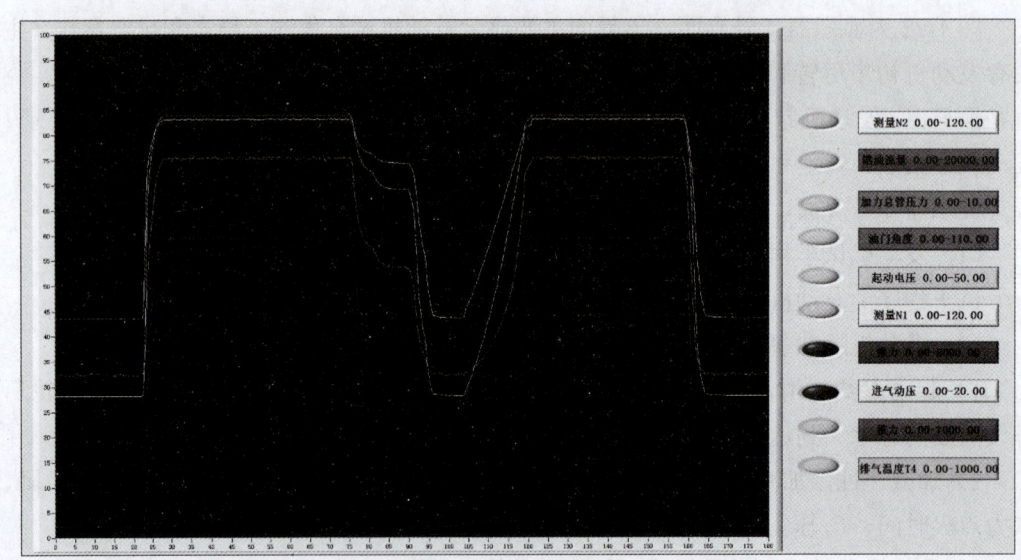

图1-23 显示器5号界面

主要参数有：发动机高低压转子转速、发动机推力、发动机涡轮后排气温度、加力总管燃油压力、燃油流量、发动机进气动压、发动机起动电压。

1.2.2 任务单

任务		航空发动机虚拟试车系统			
机型		N/A	机号		
工作区域		发动机维修实训中心	版本		R0
工时		90min	开始时间	结束时间	
完成签署/日期			检验签署/日期		
参考文件资料及标准		《发动机维修规程》			
编写/修订			审核	批准	
日期			日期	日期	
工具/设备/辅材				工作者	检查者
类别	名称	规格型号	单位	数量	
工具	秒表	通用	—	4	
	游标卡尺	0～125	mm	1	
	计算器	通用	—	2	
	手电	通用	—	1	
	尖嘴钳	150	mm	2	
	斜口钳	150	mm	2	
	自动保险钳	通用	—	1	
	一字螺丝刀	150	mm	1	
	一字螺丝刀	200	mm	1	
	套筒扳手	9	mm	1	
	套筒扳手	10	mm	1	
	套筒扳手	11	mm	1	
	组合扳手	4×4	mm	1	
	组合扳手	5×5	mm	1	
	组合扳手	9×9	mm	1	
	梅花扳手	14	mm	1	
	S梅花扳手	11×11	mm	1	
	开口扳手	9×11	mm	2	
	开口扳手	12×14	mm	2	

续表

类别	名称	规格型号	单位	数量	工作者	检查者
		工具/设备/辅材				
工具	开口扳手	14×17	mm	2		
	开口扳手	19×22	mm	2		
	开口扳手	30×32	mm	1		
	喷口直径测具	$M_{28}6360\phi-0001$	—	1		
	层板节流器卸具	M5×50	mm	1		
设备	发动机试车训练系统	—	台	2		
辅材	工作单	—	份	1		
	试车记录单	—	份	1		
	保险丝	$\phi0.8$、$\phi0.5$	mm	各1卷		
	擦布	—	份	2		
	签字笔	—	支	1		

1．工作准备	工作者	检查者
阅读相关学习资源 1．阅读教材项目1 任务1.2 航空发动机虚拟试车系统 2．完成在线作业及平台互动		

2．工作步骤	工作者	检查者
阅读相关学习资源，根据资源内容填写关键知识点 注：可用单击选择界面上的开关按钮 1．发动机自动起动 （1）选择试车步骤：＿＿＿＿＿＿ （2）转换开关：＿＿＿＿＿、＿＿＿＿＿ （3）接通开关按钮：＿＿＿＿＿、＿＿＿＿＿、＿＿＿＿＿、 ＿＿＿＿＿、＿＿＿＿＿ 2．发动机内部启封 （1）选择试车步骤：＿＿＿＿＿＿ （2）转换开关：＿＿＿＿＿、＿＿＿＿＿ （3）接通开关按钮：＿＿＿＿＿、＿＿＿＿＿、＿＿＿＿＿、＿＿＿＿＿、＿＿＿＿＿、＿＿＿＿＿ 3．发动机假开车 （1）选择试车步骤：＿＿＿＿＿＿ （2）转换开关：＿＿＿＿＿、＿＿＿＿＿		

续表

2．工作步骤	工作者	检查者
（3）接通开关按钮：_____、_____、_____、_____、_____ 4．发动机冷运转 （1）选择试车步骤：_____ （2）转换开关：_____、_____ （3）接通开关按钮：_____、_____、_____、_____、_____ 5．试等效 （1）选择试车步骤：_____ （2）转换开关：_____、_____ （3）接通开关按钮：_____、_____、_____、_____、_____ _____ （4）接通等效电阻：_____ 6．检查喷口缩小凸轮（XB）协动转速 （1）选择试车步骤：_____ （2）转换开关：_____ 7．接通加力 （1）选择试车步骤：_____ （2）接通开关按钮：_____、_____、_____、_____ 8．MC→ZD（高空）加速性 （1）选择试车步骤：_____ （2）接通开关按钮：_____、_____ 9．MC→QJ 或 85%→QJ 加速性 （1）选择试车步骤：_____ （2）接通开关按钮：_____、_____、_____、_____ 10．录取稳态性能参数 选择试车步骤：_____ 11．检查 ΔN 转速差 （1）选择试车步骤：_____ （2）接通开关按钮：_____		
3．结束工作	工作者	检查者
清洁工作现场、清点工具		

1.2.3 评估单

实操任务：航空发动机虚拟试车系统		实训评估单号：任务二		配套实训工卡号：任务二	
姓名		班级		学号	
工作步骤		评分要素			
		基本技能		维修作风	
1	发动机起动操作步骤 1. 发动机自动起动 （1）选择试车步骤：_____ （2）转换开关：_____、_____ （3）接通开关按钮：_____、_____、_____、_____ 2. 发动机启封 （1）选择试车步骤：_____ （2）转换开关：_____、_____ （3）接通开关按钮：_____、_____、_____、_____、_____ 3. 发动机假开车 （1）选择试车步骤：_____ （2）转换开关：_____、_____ （3）接通开关按钮：_____、_____、_____ 4. 发动机冷运转 （1）选择试车步骤：_____ （2）转换开关：_____、_____ （3）接通开关按钮：_____、_____、_____	1. 发动机自动起动：选择错误、漏选，每项扣1.5分；最多扣9分 2. 发动机启封：选择错误、漏选，每项扣1.5分；最多扣9分 3. 发动机假开车：选择错误、漏选，每项扣1.5分；最多扣9分 4. 发动机冷运转：选择错误、漏选，每项扣1.5分；最多扣9分	扣分值： 理由：	1. 有不爱护设备的行为，每次扣5分 2. 工具清点到位，漏点或未清点，扣5分 3. 发动机试车前，发动机检查不到位，扣5分	扣分值： 理由：

续表

	工作步骤	评分要素			
		基本技能		维修作风	
1	5. 试等效 （1）选择试车步骤：＿＿＿＿ （2）转换开关：＿＿＿、＿＿＿ （3）接通开关按钮：＿＿＿、＿＿＿、＿＿＿、＿＿＿、＿＿＿ 4）接通等效电阻：＿＿＿＿	5. 试等效：选择错误、漏选，每项扣 1.5 分；最多扣 9 分	扣分值： 理由：		扣分值： 理由：
2	其他操作步骤 1. 检查喷口缩小凸轮（XB）协动转速 （1）选择试车步骤：＿＿＿＿ （2）转换开关：＿＿＿＿ 2. 接通加力 （1）选择试车步骤：＿＿＿＿ （2）接通开关按钮：＿＿＿、＿＿＿ 3. MC→ZD（高空）加速性 （1）选择试车步骤：＿＿＿＿ （2）接通开关按钮：＿＿＿、＿＿＿ 4. MC→QJ 或 85%→QJ 加速性 （1）选择试车步骤：＿＿＿＿ （2）接通开关按钮：＿＿＿、＿＿＿ 5. 录取稳态性能 选择试车步骤：＿＿＿＿ 6. 检查 ΔN 转速差 （1）选择试车步骤：＿＿＿＿ （2）接通开关按钮：＿＿＿＿	1. 检查喷口缩小凸轮（XB）协动转速：选择错误、漏选，每项扣 1.5 分 2. 接通加力：选择错误、漏选，每项扣 1.5 分；最多扣 9 分 3. MC→ZD（高空）加速性：选择错误、漏选，每项扣 1.5 分；最多扣 6 分 4. MC→QJ 或 85%→QJ 加速性：选择错误、漏选，每项扣 1.5 分；最多扣 9 分 5. 录取稳态性能：选择错误、漏选，每项扣 1.5 分 6. 检查 ΔN 转速差：选择错误、漏选，每项扣 1.5 分	扣分值： 理由：	1. 未按照工卡操作，每次扣 5 分 2. 试车结束后，现场未整理清洁到位，扣 5 分		扣分值： 理由：
标准工时	20min	实际工时		扣分值： 理由：	
项目分数		是否通过	是□ 否□	评估员签字： 年 月 日	

随手笔记

项目 2 发动机运转试车

学习目标

★ 熟悉发动机试车的工艺流程、工艺分工。
★ 掌握发动机的常用起动方法、技术要求及注意事项。
★ 掌握发动机试车程序（初步运转试车和最终运转试车）工作内容的检查要求、技术要求。
★ 掌握发动机试车一般故障的排除方法。

学习路径

★ 通过学习信息单，掌握基本理论知识。
★ 通过完成任务单，在实践中巩固和升华理论知识。
★ 通过完成评估单，反馈学习中的不足和改进方向。
★ 通过课后训练，再学习、再提高。

学习资源

★ 校内一体化教室。
★ 视频、PPT、习题答案等。
★ 网络资源等。

学习任务

★ 发动机初步运转试车。
★ 发动机最终运转试车。

项目思维导图

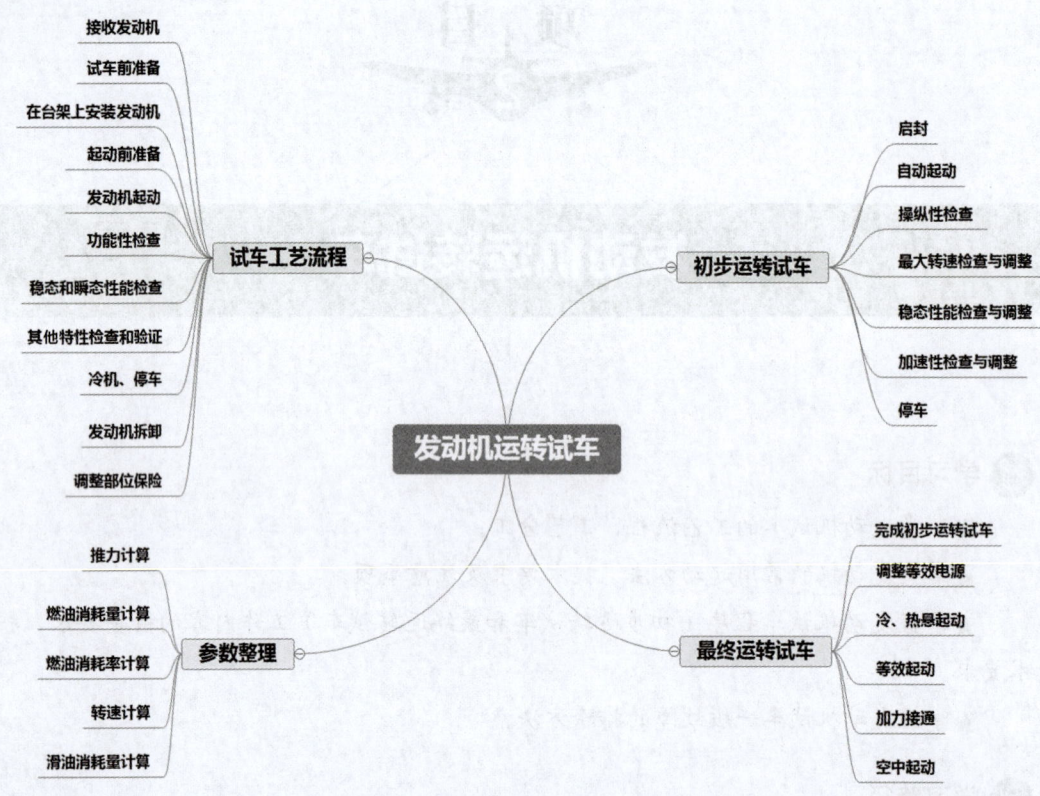

课程思政

三个敬畏 四个意识 五个到位

2018年6月14日，中国民用航空局（以下简称"民航局"）颁布《中国民航维修人员工作作风建设指导意见》（民航发〔2018〕66号），要求维修人员切实做到仪容得体、举止文明、纪律严明。维修人员要全面提升安全意识，机务维修人员要牢固树立规章意识、风险意识、举手意识和红线意识。维修人员现场工作要落实好准备、施工、测试、收尾和交接"五个到位"。

2020年，民航局组织开展"抓作风、强三基、守底线"安全大整顿，民航局局长冯正霖指出，要牢固树立"敬畏生命、敬畏规章、敬畏职责"意识，这体现了"以人民为中心"宗旨与民航"安全第一"要求的高度统一。敬畏生命是敬畏规章和敬畏职责的原则，敬畏规章是敬畏生命和敬畏职责的准绳，敬畏职责是敬畏生命和敬畏规章的基础。

任务 2.1　发动机初步运转试车

2.1.1　信息单

| 任务编号 | 2.1 | 任务名称 | 发动机初步运转试车 |

1. 试车工艺流程

发动机试车主要工艺流程包括：

（1）接收发动机。
（2）试车前的准备。
（3）发动机在台架上的安装。
（4）起动前的准备。
（5）假起动和内部启封。
（6）冷运转。
（7）发动机起动检查和调整。
（8）发动机磨合、初步运转、最终运转。
（9）发动机、附件功能性检查和调整。
（10）发动机各稳态性能检查和调整。
（11）发动机各瞬态性能检查和调整。
（12）发动机、附件其他特性检查和验证。
（13）发动机冷机。
（14）发动机、各附件密封性检查。
（15）发动机停车。
（16）发动机内部油封。
（17）发动机在台架上的拆卸。
（18）发动机、附件外观检查。
（19）调整部位保险、铅封。

2. 试车的一般要求

（1）按规程要求将发动机安装在试车台架上。
（2）发动机起动后，严禁靠近尾喷口；发动机进气道应装有防护网，排气区应有安全装置。
（3）发动机起动前应接通各电源开关及选择转换开关，发动机的燃油开关和液压油开关应处于打开位置。
（4）试车过程中，只有"慢车"状态下才能靠近发动机。
（5）试车过程中，如果发现不正常情况（发动机进口燃油或滑油压力下降，转速或推力下降，燃气温度或振动增大，卸荷腔或传动机匣内腔压力增高），产生有引起火灾危险的（漏滑油或燃油）要立即停车排除。

（6）发动机再次起动应在高压转子停止转动后进行。

（7）在起动发电机没有进行强制冷却的情况下，连续起动或运转不应超过五次，五次起动或运转后应进行冷却。

（8）第一次起动前和各种试车的停车结束后，必须检查压气机叶片和涡轮叶片（能见范围内），并记在试车记录单上。

（9）试车前应检查初步运转试车所带回故障的排除情况，并进行排除记录。

（10）起动发动机和发电机加负荷时打开起发吹风冷却，开加力时接通加力吹风机。

（11）用专用测具测量喷口直径时，测量12组相对调节片直径并记录测量值，然后算出各测量值的算术平均值，即调节片直径的测量值。

（12）完成运转试车后清洗检查滑油滤。

（13）发动机停车。

1）正常停车。按型号规范规定的正常停车程序进行的停车称为正常停车。一般正常停车前完成规定的冷却和慢车运转，再将发动机油门手柄以规定的移动时间拉至"停车"位置。

2）紧急停车。试车中出现故障现象，并按规定将发动机油门手柄迅速拉至"停车"位置的停车称为紧急停车。有下列情况之一者发动机应立即停车：

①发动机进口滑油压力下降，低于允许值。

②发动机系统内或输油管路内漏燃油或滑油，有失火危险。

③起动时涡轮后燃气温度急剧升高，超过允许值。

④高压压缩机后卸荷腔压力升高，超过允许值。

⑤主泵前的燃油压力下降，低于允许值。

⑥传动机构内腔压力升高，超过允许值。

⑦发动机在起动、加速过程中出现喘振、爆音、转速悬挂等不正常现象。

⑧试车规程规定的其他危险情况发生时。

注意：紧急停车时将油门手柄从发动机任意转速位置急速拉到"停车"位置。

3）次紧急停车。试车中出现下述情况之一者，应迅速将油门手柄拉到"慢车"状态。如在"慢车"状态停留时，故障依然存在，则应立即将发动机停车。

①燃油增压泵出口燃油压力降低到极限值以下时。

②涡轮后排气温度超过极限值时。

③振动值超过极限值时。

④转速超过极限值时。

⑤转速或推力突然变化时。

⑥发动机出口滑油温度超过极限值时。

⑦信号灯闪亮不正常时。
⑧出现不正常的噪声和撞击声时。
⑨主要监控仪表不指示或指示异常时。
⑩试车规程规定的其他必须降转观察的异常情况时。

3. 试车前的准备

（1）接通操作台总电源、计算机电源开关并进入试车界面。

（2）单击菜单"试车准备"，弹出对话框。输入或选择已经存在的发动机机号、试车类型。在"试车日期"列表中将显示该发动机号以及该试车类型对应的试车日期。

（3）若选择已经存在的试车日期，则该试车日期进行之前的各种调整以及参数值将会继续保存；若不选择试车日期，则系统将会自动生成新的试车日期，各种调整和设置均恢复为默认设置。

（4）检查发动机在台架上的安装是否正确、牢靠，特别要检查进气道内有无多余物。

（5）检查连接的测量导管、传感器、热电偶、附件及电缆插头是否正确、牢靠。

（6）滑油箱内加注（11±0.5）L 滑油。

（7）检查设备各系统开关（电门、油路系统、油箱的油位及冷却系统）是否处于工作状态。

（8）使燃油、液压油达到所规定的预压力。

（9）进行一次发动机启封开车，对发动机燃油系统启封并检查系统的密封性，然后进行冷运转吹出内部积油。检查确信发动机高压转子和低压转子是否旋转灵活，没有滞涩和杂音。

注意：①为提高冷运转转速，允许打开液压系统的卸压开关；②进行 2～3 次冷运转后加力燃烧室仍有积油时，应将积油清除干净，以防发动机起动时超温和起火。

（10）排除发现的故障，清理工作场地、油盘积油，擦干发动机上的油迹。

（11）检查滑油箱滑油量，油位低于 10.5L 时补加滑油到（11±0.5）L。

（12）取下调节器 P_2' 和 P_2'' 上的堵帽。

（13）清点机件、工装，应无多余物和错/漏装。

（14）清点工具，提交检验员检查。

4. 发动机外观质量检查

交付试车台进行试车的发动机，必须按装配工艺技术要求装配完并且经检验合格，具备完整的卷宗及质量证明单。接收规程中应列出试车台接收发动机全部检查项目、检查要求、检查方法、检查合格标准、检查结果记录及会签等规定。

（1）发动机外观检查，要求发动机应清洁、无伤痕、无涂层脱落。各导管之间，导管与机匣和附件之间，以及发动机附件和附件之间的间隙应符合规定。发动机所装的附件齐全，各管接头及孔口应有堵头或堵盖和帽罩，所有电缆应无伤痕、无破损，并固定牢靠。

（2）发动机和附件各调整部位的保险、铅封齐全完好。

（3）压气机、涡轮转子转动灵活，无阻滞和摩擦声。

（4）校对发动机卷宗（包括质量证明单）、履历本、附件履历本是否齐全，与实物是否相符。核对试车种类是否正确。

（5）符合各条规定的发动机即可接收，由接收的试车员、检验员在接收栏内签字、盖章。

5. 发动机燃油系统注油

发动机内部启封使用燃油冲注发动机燃油系统，以清除油封后留下的滑油。内部启封的工作要求在不同型号发动机的技术规范中都有详细的说明，必须严格地遵守。同时，以规定的工作滑油取代滑油系统内的油封滑油，吹干净氧气系统并检查氧气系统的密封性，排除液压油系统中的空气。

在规定的进口燃油压力下，对发动机燃油系统注入燃油进行系统放气，操作步骤如下：

（1）分别松开取下主燃油泵、加力燃油泵放气活门堵帽，将放气工具装于燃油泵放气活门管接头上。

（2）按压顶杆使其燃油进入燃油系统，直至放气活门接头上流出的燃油中没有气泡，再继续放出少量的燃油后停止冲注。

（3）取下夹具，装上堵头并拧紧。

（4）打上保险。

6. 发动机内部启封

发动机内部启封使用燃油注入发动机燃油系统，以清除油封后留下的滑油。同时，以规定的工作滑油取代滑油系统内油封滑油。

由起动机驱动，在规定的时间内，将发动机从静止状态带转到规定转速，燃烧室供燃油而不点火的运转称为启封或假开车。启封的目的如下：

（1）冲洗排除燃油系统内部的油封油。

（2）排除发动机燃油系统内的空气。

（3）检查燃油、滑油管路系统的密封性。

（4）观察起动调节器控制的起动供油情况。

（5）检查滑油系统工作压力，判明滑油系统工作是否正常。

（6）检查参数。具体参数如下：

1）由起动机带转，高压转子转速 n_2 达到最高实际值。

2）起动电压急降最低值、电流急增最高值。

3）发动机燃烧室工作喷嘴供油压力。

4）燃烧室漏油活门及其他部位漏油量。

（7）收油门手柄至"停车"位置，检查发动机供油切断的可靠性。

注意：①起动周期结束后将油门手柄置于"停车"位置，并将其断开、起动控制电门；②启封运转后需进行冷运转，吹出发动机内部余油，防止起动超温。

7. 假开车和冷运转

（1）假开车。假开车与启封运转的工作程序和操作是一致的，其目的是发动机在使用中更换了部分附件后重新安装了导管，对其管路系统的密封性进行检查。

1）检查发动机各系统及漏油系统密封性。

2）在工作后的热态发动机上进行。达到规定的停车时间后进行假开车，主要检查导向器、扩散安装边及导向器叶片固定螺栓处的漏油量，通过漏油量间接检查发动机工作时该结合处燃气的泄漏量，防止发动机工作时因高温燃气溢出烧伤飞机机体及飞机附件。

3）检查各部位漏油量。检查发动机各管路机匣结合处的密封性，允许下述各结合处漏油不超过型号规范规定：

①固定导向器叶片的螺栓处。

②加力扩散器与导向器结合处。

③漏油管路和燃油收集处。

注意：①燃油收集器漏油总量超过规定时，应分别拆下各漏油活门管路以确认漏油量；②起动周期结束后应立即将油门手柄置于"停车"位置；③假开车后应进行冷运转，吹出发动机内部积油，防止起动超温；④燃油、滑油管路系统不允许有油迹。

（2）冷运转。冷运转是不转换电压（24V）的运转。由起动机驱动，在规定的时间内，将发动机从静止状态带转到规定转速，燃烧室不供燃油也不点火的运转，称为发动机的冷运转，其目的如下：

1）吹除发动机因启封或假开车后燃烧室内部的积油。

2）在发动机停车后，对发动机内部进行散热或吹灭内部余火。

3）当滑油箱或滑油系统排空时，通过冷运转将滑油注入到发动机滑油系统。

4）检查发动机转子及其他转动部件声音是否正常。

5）测定起动机的带转转速能否达到规定值。

（3）滑油系统注油。

1）取下发动机滑油箱的盖子，向油箱内注入滑油（11±0.5）L，用量油尺检查注入的油量。

2）注油后拧紧量油尺及加油盖。

注意：①注油用的容器必须干净并有过滤网；②油箱盖确信放入卡槽内后然后将其拧紧；③检查加油容器的清洁度、滑油是否符合技术标准及加油量。

8. 参数整理

（1）转速换算。

换算转速按下式计算：

$$n_{hs} = n_{cL} \times \sqrt{\frac{288.15}{273.15 + t_0}} \quad (2\text{-}1)$$

式中：n_{hs}为换算转速（%）；n_{cL}为实际测量转速（%）；t_0为当前试车间大气温度（℃）。

（2）推力换算。

换算推力按下式计算：

$$F_{hs} = F_{cL} \cdot \frac{101.325}{P_0} \quad (2\text{-}2)$$

式中：F_{hs}为换算推力（kN）；F_{cL}为测量推力（kN）；P_0为当前试车间大气压力（kPa）。

（3）燃油消耗量换算。

1）燃油消耗量按下式计算（kg/h）。

$$W_f = A \cdot \rho \quad (2\text{-}3)$$

式中：W_f为小时燃油消耗量（kg/h）；A为涡轮流量计指示数升（L/h）；ρ为燃油密度（kg/L）。

2）换算的单位燃油消耗量按下式计算 [kg/（N·h）]：

$$sfc_{hs} = \frac{W_f \sqrt{\frac{288.15}{273.15 + t_0}}}{F_{cL} \times 1000} \quad (2\text{-}4)$$

式中：sfc_{hs}为换算的单位燃油消耗量 [kg/（N·h）]；W_f为小时燃油消耗量（kg/h）；F_{cL}为测量推力（kN）。

（4）滑油消耗量计算。滑油消耗量按下式计算：

$$G_{hy} = \frac{v \cdot 60}{t} \quad (2\text{-}5)$$

式中：G_{hy}为滑油消耗量（L/h）；v为工作时滑油消耗的容积（L）；t为发动机工作时间（min）。

2.1.2 任务单

任务	发动机初步运转试车			
机型	N/A		机号	N
工作区域	发动机维修实训中心		版本	R1
工时		开始时间		结束时间
完成签署/日期			检验签署/日期	

续表

参考文件资料及标准	1.《发动机维修规程》 2. 发动机试车技术规定 3. 发动机试车工艺
技能训练要求	1. 掌握发动机试车流程 2. 掌握航空发动机性能参数调整的能力 3. 掌握航空发动机试车故障分析与排除 4. 掌握发动机试车应急情况的处置
技术要求	1. 滑油压力出现的时间：不大于 20s 2. 起动机脱开凸轮（TQ）协动转速：$n_2 = 32^{+2}_{-1}$ % 3. 起动断开凸轮（QD）协动转速：$n_2 = (48±2)$ % 4. 左放气活门关闭转速：$n_2 = 47.5$% 5. 右放气活门关闭转速：$n_2 = 47.5$% 6. 起动到慢车转速的时间：不大于 55s 7. 涡轮后排气温度 t_4 急增最高峰值：排气温度不高于 700℃ 8. 最大转速 $n_1 = (100.5±0.5)$ % 9. MC → ZD 状态加速时间 9.5～12.5s 10. 85% → ZD 状态加速时间 5.5～7.5s 11. 在标准大气条件下慢车转速规定值：$n_1 = 32^{+2}_{-1}$ % 12. 后支承吹风压力：0.01～0.045MPa 13. 卸荷腔压力：0.049～0.088MPa 14. 接通加力时 P_4 压力急降量规定值：20%～40% 15. 接通加力时 t_4 温度急降量规定值：20～60℃ 16. 接通加力时点火时间规定值：7～12s 17. 最大状态推力按曲线要求 18. 全加力状态推力按曲线要求
职业素养养成安全注意事项	1. 诚信、实事求是，如实记录发动机试车过程性能参数 2. 质量意识、严谨细心 3. 灭火器材到位 4. 发动机起动后，严禁靠近尾喷口，发动机进气道应装有防护网，排气区应有安全装置 5. 发动机再次起动应在高压转子停止转动以后进行

编写/修订		审核		批准	
日期		日期		日期	

工具/设备/耗材/劳保用品					工作者	检查者
类别	名称	规格型号	单位	数量		
工具	秒表	通用	—	2		
	游标卡尺	0～125	mm	1		
	计算器	通用	—	2		
	手电	通用	—	1		
	尖嘴钳	150	mm	2		
	斜口钳	150	mm	2		
	自动保险钳	通用	—	1		

续表

工具/设备/耗材/劳保用品					工作者	检查者
类别	名称	规格型号	单位	数量		
工具	一字螺丝刀	150	mm	1		
	一字螺丝刀	200	mm	1		
	套筒扳手	9	mm	1		
	套筒扳手	10	mm	1		
	套筒扳手	11	mm	1		
	组合扳手	4×4	mm	1		
	组合扳手	5×5	mm	1		
	组合扳手	9×9	mm	1		
	梅花扳手	14	mm	1		
	S梅花扳手	11×11	mm	1		
	开口扳手	9×11	mm	2		
	开口扳手	12×14	mm	2		
	开口扳手	14×17	mm	1		
	开口扳手	19×22	mm	1		
	开口扳手	30×32	mm	1		
	喷口直径测具	$M_{28}6360\phi$-0001	—	1		
	层板节流器卸具	$M5×50$	mm	1		
设备	发动机试车训练系统	—	台	2		
耗材	工作单	—	份	1		
	试车记录单	—	份	1		
	保险丝	$\phi0.8$、$\phi0.5$	mm	各1卷		
	擦布	—	块	2		
	签字笔	—	支	1		
劳保用品	线手套	—	双	3		
	护目镜	—	副	3		

1. 工作准备					工作者	检查者
1. 开启计算机,进入试车界面 2. 在试车记录单上记录如下检查内容 (1) 填写工作任务:_____ (2) 检查发动机的安装及固定情况 (3) 检查发动机压气机及涡轮叶片 (4) 检查发动机滑油位:_____L (5) 整理工作现场、清点工具						

2. 操作步骤					
序号	工作状态	时间、次数	工作内容		备注
1	启封	一次	发动机内部启封 1. 发动机燃油系统启封		

续表

2. 操作步骤				
序号	工作状态	时间、次数	工作内容	备注
1	启封	一次	2．检查发动机各系统、导管密封性 3．检查记录高低压转子转速 4．检查记录滑油压力	
2	冷运转	一次	吹除发动机燃烧室内部积油 1．记录高低压转子转速（n_1、n_2） 2．检查记录滑油压力 3．停车后检查补充滑油箱油量 **注意**：耳听转子转动有无异常声音	
3	自动起动	—	记录各仪表参数 **注意**：排气温度急增不允许超过型号规范规定	
初步运转第一遍车				
4	慢车	2min	1．飞机附件加负荷 2．检查发动机燃油、滑油各系统密封性 3．检查调整滑油压力	
5	磨合发动机	—	1．检查各仪表示数，及发动机工作情况 2．飞机附件加负荷	
	36%	2min	检查记录发动机转速、滑油压力、辅助总管压力、排气温度 t_4	
	45%	2min	1．检查滑油压力 2．检查记录发动机转速、滑油压力、辅助总管压力、排气温度 t_4	
	76%	2min	1．检查滑油压力 2．稳定工作后检查各凸轮协动转速	
6	0.8 额定	5min	1．检查调整滑油压力 2．飞机附件加负荷 3．记录各仪表参数 4．状态工作稳定后录取性能	
7	平稳推上	最少需要	1．检查加力联锁凸轮（JL）协动转速 2．检查或调整最大转速 3．检查喷口在中间和全加力位置时转速差	
8	检查操纵性	最少需要	将油门手柄平稳地由"慢车"推到"中间"再由"中间"推到"慢车"各一次，低压转子转速的变化应不落后油门手柄的移动	
9	中间	5min	1．检查调整推力 F 2．飞机附件加负荷 3．记录各仪表参数 4．状态工作稳定后录取性能并记录各参数	
10	82.5%	1min	冷却发动机	

续表

2. 操作步骤					
序号	工作状态	时间、次数	工作内容		备注
11	慢车	不大于 10min	1. 飞机附件加负荷 2. 检查调整慢车转速及副油路压力 3. 检查调整慢车域转速差		
12	检查加减速性	—	1. 飞机附件加负荷 2. 检查记录： （1）发动机转速 n_1 急增最大值 （2）涡轮后排气温度 t_4 急增最大值 （3）加减速性时间 注意：不应出现转速悬挂、超温、喘振等异常现象		
	慢车→中间 （高空）	最少需要	—		
	慢车→中间 （低空）	一次	—		
	85%→中间	一次	—		
	遭遇加速至中间	一次	发动机转速、排气温度 t_4 平稳增加		
	中间→90%	一次	迅速将油门手柄收到相应位置，检查记录减速性时间		
13	检查最小稳定工作转速边界	三次	1. 飞机附件加负荷 2. 最小稳定转速加速过程转速、排气温度上升平稳		
14	82.5%	2min	冷却发动机		
15	慢车	2min	稳定工作后停车		
16	停车	—	1. 测量低压、高压转子惯性时间 2. 监听发动机有无异常声音		
17	假开车	一次	发动机在停车规定时间后假开车一次，检查以下各部分的密封性 1. 导向器与扩散安装边的结合面 2. 导向器叶片固定螺栓处		
18	冷运转	一次	1. 吹出发动机内部积油，防止发动机起动超温 2. 完成开车前的准备工作		
初步运转第二遍车					
19	自动起动	—	检查记录起动过程中各仪表参数 注意：排气温度急增不允许超过规定值		
20	90s 内进入全加力	—	1. 按下"起动"按钮 90s 内进入全加力 2. 进入状态后记录各仪表参数		
	全加力	3min			

续表

\multicolumn{5}{c}{2. 操作步骤}
序号	工作状态	时间、次数	工作内容	备注
21	全加力	5min	1. 检查调整推力 F 2. 记录各仪表参数 3. 状态工作稳定后录取性能参数	
22	82.5%	2min	冷却发动机	
23	93%（额定）	5min	1. 检查调整推力 F 2. 记录各仪表参数 3. 状态工作稳定后录取性能	最终运转试车补充检查额定状态性能
24	小加力	5min	1. 检查调整推力 F 2. 记录各仪表参数 3. 状态工作稳定后录取性能 4. 检查喷口随动装置工作情况	
25	82.5%	2min	冷却发动机	
26	ZD→QJ 检查加力接通	1～2min	1. 最大状态保持稳定工作后接通加力 2. 检查记录加力点火时间、转速 n_1 急增值 3. 检查并计算排气温度 t_4 及 P_4 压力急降量	
27	检查加力加速性	—	1. 飞机附件加负荷 2. 检查记录： （1）低压转子转速 n_1 急增最大值 （2）涡轮后排气温度 t_4 急增最大值 （3）加力接通时间 （4）加力点火时间 **注意**：不应出现转速悬挂、超温、喘振等异常现象	
	慢车→小加力	一次	—	
	85%→小加力	一次	—	
	慢车→全加力	一次	—	
	85%→全加力	一次	—	
	遭遇到全加力	一次	转速、排气温度 t_4 上升平稳	
28	中间→27%	二次	检查燃烧室是否熄火	
29	82.5%	2min	冷却发动机	
30	（慢车）	2min	检查发动机各管路系统的密封性	
31	停车	—	1. 测量低压、高压转子惯性时间 2. 监听发动机转子转动声音 3. 计算整理发动机试车性能参数	
32	停车后工作 1. 检查发动机压气机及涡轮叶片 2. 检查滑油位：_____ L，计算滑油消耗量			

续表

32	2. 操作步骤		
	3. 检查清洗滑油滤 4. 调整部位打好保险 5. 检查清点工具		
	3. 结束工作	工作者	检查者
	1. 清点工具，数量足够 2. 清扫试车工作现场 3. 归还工具，耗材 4. 在工具室归还登记簿上做好归还记录		

2.1.3 评估单

实操任务：发动机初步运转试车			实训评估单号：任务一		配套实训工卡号：任务一	
姓名		班级		学号		
工作步骤			评分要素			
			基本技能		维修作风	
准备 （15分）	1	工具/设备/材料等准备 1. 工具借用准备 2. 按工具清单清点工具/设备/材料 3. 量具有效性检查 4. 试车记录单填写并签字 5. 开启计算机进入试车界面	1. 工具准备不到位，扣2分 2. 工具未清点，扣2分 3. 量具未检查有效性，扣2分 4. 试车记录单未填写并签字，扣2分 5. 未开启计算机进入试车界面，扣1分	扣分值： 理由：	1. 工具摆放不规范，扣2分 2. 未按工具单清点工具，扣2分 3. 安全防护佩戴或使用不规范，扣1分 4. 有损伤工具设备的行为，扣1分	扣分值： 理由：
	2	安全准备 1. 佩戴个人安全防护 2. 设备安全使用注意事项已阅读 3. 与相关人员的安全沟通已执行				
试车准备 （5分）	3	1. 识读工卡 2. 检查压气机、涡轮叶片 3. 检查发动机安装固定情况 4. 检查发动机滑油位 5. 签字确认所做工作	1. 未阅读工卡，扣1分 2. 未检查压气机、涡轮叶片，每项扣1分，最多扣4分 3. 未检查发动机安装固定情况，每项扣1分，最多扣4分 4. 未检查发动机滑油位，每项扣1分，最多扣3分 5. 所做工作未签字，每项扣1分，最多扣3分	扣分值： 理由：	1. 发动机状态未检查到位，每漏1项扣1分，最多扣5分 2. 工卡未及时签署，每次扣1分，最多扣2分	扣分值： 理由：

续表

工作步骤			评分要素			
			基本技能		维修作风	
试车检验 （60 分）	4	1. 发动机起动 2. 检查"慢车"状态性能参数 3. 检查（81.5±1）%状态性能参数 4. 检查 MC→ZD 加速性 5. 检查中间状态性能参数 6. 检查加减速性能 7. 检查最小稳定工作转速边界 8. 检查全加力状态性能参数 9. 检查小加力状态性能参数 10. 检查加力接通 11. 检查加力加速性 12. 检查中间→27% 13. 检查发动机停车	1. 起动过程中不注意观察仪表参数、手未持住油门手柄，每项扣 2 分 2. 未检查记录起动过程参数，每项扣 2 分，最多扣 8 分 3. 未检查记录"慢车"状态参数，每项扣 2 分，最多扣 8 分 4. 未检查记录（81.5±1）%状态参数，每项扣 2 分，最多扣 8 分 5. 未检查 MC→ZD 加速性，每项扣 2 分，最多扣 8 分 6. 未检查记录中间状态性能参数，每项扣 2 分，最多扣 8 分 7. 未检查加减速性能，每项扣 2 分，最多扣 8 分 未检查最小稳定工作转速边界，每项扣 2 分，最多扣 8 分 8. 未检查记录小加力状态参数，每项扣 2 分，最多扣 8 分 9. 未检查记录全加力状态参数，每项扣 2 分，最多扣 8 分 10. 未检查记录加力接通，每项扣 2 分，最多扣 8 分 11. 未检查记录加力加速性，每项扣 2 分，最多扣 10 分 12. 未检查发动机停车余转，每项扣 2 分，最多扣 4 分	扣分值： 理由：	1. 未按操作规程操作发动机试车，每项扣 3 分，最多扣 10 分 2. 操作发动机试车时注意力不集中，不注意观察试车数据，每项扣 3 分，最多扣 10 分 3. 操作发动机试车油门手柄动作过大，有碰撞等现象，每项扣 3 分，最多扣 10 分	扣分值： 理由：
质量记录 （5 分）	5	1. 检查试车记录单 2. 检查发动机起动 3. 发动机预热 4. 检查发动机参数 5. 发动机冷却 6. 检查发动机试车其他工步	1. 试车记录单填写不规范，有错/漏项，每项扣 0.5 分，最多扣 2 分 2. 起动参数未检查、未记录，每项扣 0.5 分，最多扣 2 分 3. "慢车"状态性能参数未记录或漏项，每项扣 0.5 分，最多扣 2 分 4. （81.5±1）%状态性能参数未记录或漏项，每项扣 0.5 分，最多扣 2 分	扣分值： 理由：	1. 随意更改试车步骤顺序，有错/漏项，每项扣 0.5 分，最多扣 2 分 2. 试车记录字迹不清楚、有涂改，每项扣 0.5 分，最多扣 2 分 3. 试车记录漏填、错填，每项扣 0.5 分，最多扣 2 分	扣分值： 理由：

续表

工作步骤			评分要素			
			基本技能		维修作风	
质量记录 （5分）	5		5. MC → ZD 加速性未记录或漏项，每项扣 0.5 分，最多扣 2 分 6. 中间状态性能参数未记录或漏项，每项扣 0.5 分，最多扣 2 分 7. 加减速性能未记录或漏项，每项扣 0.5 分，最多扣 2 分 8. 全加力状态性能参数未记录或漏项，每项扣 0.5 分，最多扣 2 分 9. 小加力状态性能参数未记录或漏项，每项扣 0.5 分，最多扣 2 分 10. 加力接通未记录或漏项，每项扣 0.5 分，最多扣 2 分 11. 加力加速性未记录或漏项，每项扣 0.5 分，最多扣 2 分 12. 未按试车工步检查或漏项，每项扣 0.5 分，最多扣 2 分 13. 停车未检查余转时间，每项扣 0.5 分，最多扣 2 分			
收尾 （15分）	6	1. 工件署名，上交 2. 按工具清单清点工具 3. 清洁工作区域 4. 归还工具，耗材 5. 签署工卡	1. 未按规定检查发动机涡轮叶片、压气机叶片及滑油位；每项扣 2 分，最多扣 6 分 2. 未检查工量具完好性，扣 2 分 3. 未按工具清单清点工具，扣 2 分 4. 未归还工具、耗材，扣 2 分 5. 工卡签署不规范、漏项、涂改，每项扣 2 分，最多扣 6 分	扣分值： 理由：	1. 工作场地有多余物，扣 2 分 2. 工作区域未清洁，扣 3 分	扣分值： 理由：
标准工时	120min	实际工时	未在标准工时内完成扣 2～10 分 每超 5min 扣 2 分，最多扣 10 分，不足 5min 按 5min 计算		扣分值： 理由：	
项目分数		是否通过	是□ 否□	评估员签字：	年 月 日	

任务 2.2　最终运转试车补充程序

2.2.1　信息单

任务编号	2.2	任务名称	最终运转试车补充程序

最终运转试车程序与初步运转试车程序基本相同（初步运转试车程序中注明），最终运转试车程序按初步运转试车程序进行，完成后，补充以下起动检查。

1. 调整等效电源

在检查冷热悬起动前首先要调整确定等效电源，调整等效电源目的是使台架起动电源特性与外场起动电源特性一致，保证外场电源起动发动机时安全、迅速、可靠。

确定等效电源检查程序如下：

（1）选择试车步骤"试等效"。
（2）选择任意一组附加电阻组别（等效1、等效2、等效4、等效8）。
（3）接通"总电源""控制电源"电门。
（4）接通"起发吹风""大油量""整流器"电门。
（5）将起动转换开关置于"整流器"位置，油封转换开关置于"油封"位置。
（6）油门手柄置于"停车"位置，按下"起动"按钮后发动机开始运转，达规定时间高压转子转速 n_2 应在10%～11.5%的范围内，若不在范围内则另选一组等效电阻，按上述要求重新检查确定使其达到规定要求。

注意：①已选择确定的电阻组别作为冷热悬、等效起动的起动电源附加电阻；②只能在停车时才能选择改变等效附加电阻。

2. 热悬起动

以确定的等效电源作为热悬起动电源。检查发动机热悬起动是为了确定发动机富油起动极限范围，为发动机在外场起动增加供油量留有充足的调整余量。热悬起动程序按最终运转试车补充程序进行。

选择试车步骤：

（1）选择试车步骤"热悬起动"。
（2）在1号界面左上角选择"其他调整"。
（3）弹出对话框，选择"自动起动调整"，调整螺钉输入"里拧"；输入"一圈"，单击"确定"按钮。
（4）接通"总电源""控制电源"电门。
（5）接通"起发吹风""起动燃油""起动补油""大流量""整流器"电门。
（6）将起动转换开关转到"等效"位置。

(7)将油封转换开关转到"起动"位置。

(8)将油门手柄置于"慢车"位置(11.5°±1°)。

(9)按下"电铃""起动"按钮发动机开始起动。

注意:①低压转子转速达"慢车"的时间不限;②涡轮后排气温度t_4急增不允许超过700℃。

3. 冷悬起动

以确定的等效电源作为冷悬起动电源。检查发动机冷悬起动是为了确定发动机贫油起动极限范围,为发动机在外场起动减小供油量留有充足的调整余量。冷悬起动程序按最终运转试车补充程序进行。

选择试车步骤:

(1)选择试车步骤"冷悬起动"。

(2)在1号界面左上角选择"其他调整"。

(3)弹出对话框,选择"自动起动调整",调整螺钉输入"外拧";输入"两圈",单击"确定"按钮。

注意:进行冷悬起动,自动起动调整螺钉,在热悬起动的位置上外拧两圈。

(4)接通"总电源""控制电源"电门。

(5)接通"起发吹风""起动燃油""起动补油""大流量""整流器"电门。

(6)起动转换开关转到"等效"位置。

(7)油封转换开关转到"起动"位置。

(8)油门手柄置于"慢车"位置(11.5°±1°)。

(9)按下"电铃""起动"按钮,发动机开始起动。

注意:①低压转子转速达"慢车"的时间不大于100s;②涡轮后排气温度t_4急增不允许超过700℃;③低压转子转速达"慢车"时间不大于型号规范规定。

4. 等效起动

等效起动是基于冷热悬起动调整合格后,将起动自动器调整螺钉置于冷热悬起动的中间位置进行的起动,确保起动自动器调整螺钉在任意位置上发动机均能安全、可靠地起动。等效试车程序按最终运转试车补充程序进行。

选择试车步骤:

(1)选择试车步骤"等效起动"。

(2)在1号界面左上角选择"其他调整"。

(3)弹出对话框,选择"自动起动调整",调整螺钉输入"里拧";输入"一圈",单击"确定"按钮。

注意:若等效起动在冷悬起动后进行,调整螺钉则应输入"里拧";输入"一圈",单击"确定"按钮。

(4)接通"总电源""控制电源"电门。

（5）接通"起发吹风""起动燃油""起动补油""大流量""整流器"电门。

（6）将起动转换开关转到"等效"位置。

（7）将油封转换开关转到"起动"位置。

（8）将油门手柄置于"慢车"位置（11.5°±1°）。

（9）按下"电铃""起动"按钮发动机开始起动。

注意：①涡轮后排气温度 t_4 急增不允许超过型号规范规定；②低压转子转速达慢车的时间不超过型号规范规定。

2.2.2 任务单

任务	最终运转试车补充程序			
机型	N/A		机号	N
工作区域	发动机维修实训中心		版本	R1
工时	180min	开始时间		结束时间
完成签署/日期			检验签署/日期	
参考文件资料及标准	1.《发动机维修规程》 2. 发动机试车技术规定 3. 发动机试车工艺			
技能训练要求	1. 掌握发动机试车流程 2. 掌握航空发动机性能参数调整的能力 3. 掌握航空发动机试车故障分析与排除 4. 掌握发动机试车应急情况的处置			
技术要求	1. 滑油压力出现的时间：不大于 20s 2. 起动机脱开凸轮（TQ）协动转速：$n_2=32\%$ 3. 起动断开凸轮（QD）协动转速：$n_2=(48\pm2)\%$ 4. 左放气活门关闭转速：$n_2=47.5\%$ 5. 左放气活门关闭转速：$n_2=47.5\%$ 6. 起动到慢车转速的时间：不大于 55s 7. 涡轮后排气温度 t_4 急增最高峰值：排气温度不高于 700℃ 8. 最大状态低压转子转速 $n_1=(100.5\pm0.5)\%$ 9. 接通加力时 P_4 压力急降规定值：20%～40% 10. 接通加力时 t_4 温度急降量规定值：20～60℃ 11. 接通加力时点火时间规定值：7～12s			
职业素养养成安全注意事项	1. 诚信、实事求是，如实记录发动机试车过程性能参数 2. 质量意识、严谨细心 3. 灭火器材到位 4. 发动机起动后，严禁靠近尾喷口；发动机进气道应装有防护网，排气区应有安全装置 5. 发动机再次起动应在高压转子停止转动以后进行			
编写/修订		审核		批准
日期		日期		日期

续表

类别	工具/设备/耗材/劳保用品				工作者	检查者
	名称	规格型号	单位	数量		
工具	秒表	通用	—	2		
	游标卡尺	0～125	mm	1		
	计算器	通用	—	2		
	手电	通用	—	1		
	尖嘴钳	150	mm	2		
	斜口钳	150	mm	2		
	自动保险钳	通用	—	1		
	一字螺丝刀	150	mm	1		
	一字螺丝刀	200	mm	1		
	套筒扳手	9	mm	1		
	套筒扳手	10	mm	1		
	套筒扳手	11	mm	1		
	组合扳手	4×4	mm	1		
	组合扳手	5×5	mm	1		
	组合扳手	9×9	mm	1		
	梅花扳手	14	mm	1		
	S梅花扳手	11×11	mm	1		
	开口扳手	9×11	mm	2		
	开口扳手	12×14	mm	2		
	开口扳手	14×17	mm	1		
	开口扳手	19×22	mm	2		
	开口扳手	30×32	mm	1		
	喷口直径测具	$M_{28}6360\phi$–0001	—	1		
	层板节流器卸具	M5×50	mm	1		
设备	发动机试车训练系统	—	台	2		
耗材	工作单	—	份	1		
	试车记录单	—	份	1		
	保险丝	$\phi 0.8$、$\phi 0.5$	mm	各1卷		
	擦布	—	块	2		
	签字笔	—	支	1		
劳保用品	线手套	—	双	3		
	护目镜	—	副	3		

1. 工作准备	工作者	检查者
1. 开启计算机,进入试车界面 2. 在试车记录单上记录如下检查内容 (1)填写工作任务：_____		

续表

1. 工作准备				工作者	检查者
（2）检查发动机的安装及固定情况					
（3）检查发动机压气机及涡轮叶片					
（4）检查发动机滑油位：_____L					
（5）清洁现场、清点工具					
2. 操作步骤					
序号	工作状态	时间、次数	工作内容	限制	
1	自动起动		记录各参数 1. 滑油压力出现的时间 2. 起动燃油压力 3. 起动机脱开凸轮（TQ）协动转速 4. 起动断开凸轮（QD）协动转速 5. 放气活门关闭转速 6. 达 n_1=29.5% 的时间 7. 涡轮后排气温度 t_4 急增最高峰值	不大于 20s （0.44±0.05）MPa $n_2 = 32^{+2}_{-1}$ % $n_2 = (48±2)$ % $n_{2hs} = 48.5$% 不大于 55s 不大于 700℃	
2	MC （慢车）	2min	1. 发动机加温 2. 记录参数 （1）低压转子转速 （2）高压转子转速 （3）滑油压力 （4）涡轮后排气温度 t_4 （5）慢车副油路压力	实测值 实测值 不小于 0.098MPa 实测值 （2.06±0.1）MPa	
3	（81.5±1）%	2min	1. 发动机加温 2. 记录参数 （1）低压转子转速 （2）高压转子转速 （3）滑油压力 （4）副油路压力 （5）涡轮后排气温度 t_4	实测值 实测值 不小于 0.343MPa 实测值 实测值	
4	慢车→中间	最少需要	1. 平稳推上到中间状态保持稳定工作	慢车→中间	
5	检查加力接通	30s	1. 检查加力点火备用电嘴的工作情况 2. 检查记录： （1）加力点火时间（s） （2）涡轮后排气温度 t_4 急降量（℃） （3）涡轮后 P_4 压力下降量（%）		
6	（81.5±1）%	1min	1. 冷却发动机 2. 记录参数 （1）低压转子转速		

续表

			2. 操作步骤	
序号	工作状态	时间、次数	工作内容	限制
6	（81.5±1）%	1min	（2）高压转子转速 （3）滑油压力 （4）副油路压力 （5）涡轮后排气温度 t_4	
7	85% （空中起动）	检查三次	1. 低压转子转速 n_1=85% 稳定工作 10s 2. 迅速收油门手柄到"停车"位置，当 n_1 转速降至 35%～40% 时，迅速推油门手柄到"慢车"位置，同时接通空中起动电门，转速应平稳进入慢车 **注意**：低压转子转速 n_1 未达到慢车时严禁推油门手柄	
8	（81.5±1）%	2min	1. 冷却发动机 2. 记录参数 （1）低压转子转速 （2）高压转子转速 （3）滑油压力 （4）副油路压力 （5）涡轮后排气温度 t_4	
9	慢车	2min	稳定工作后停车	
10	停车		1. 测量低压、高压转子惯性时间 2. 监听发动机转子有无异常声 3. 检查确定滑油箱油位：_____L	

11. 停车后工作
(1) 检查发动机在台架上的固定情况
(2) 停车 10min 后检查滑油位，并测量滑油温度
(3) 检查漏油系统各处的漏油量
(4) 检视发动机外观
(5) 检视发动机涡轮、压气机叶片（可见范围）
(6) 整理试车性能参数，排除故障
(7) 清点工具

注意：①发动机初步运转试车完成后按规定要求拆下台架；②发动机所有工作过的部位进行保险，调整部位进行铅封；③发动机拆下台后不超过 24h 内进行内部油封

3. 结束工作	工作者	检查者
1. 清点工具和设备，数量足够 2. 清扫现场 3. 归还工具，耗材 4. 在工具室归还登记簿上做好归还记录		

2.2.3 评估单

实操任务：最终运转试车补充程序			实训评估单号：任务二		配套实训工卡号：任务二	
姓名		班级		学号		
工作步骤			评分要素			
			基本技能		维修作风	
准备 （15分）	1	工具/设备/材料等准备 1. 工具借用准备 2. 按工具清单清点工具/设备/材料 3. 量具有效性检查 4. 试车记录单填写并签字 5. 开启计算机进入试车界面	1. 工具准备不到位，扣2分 2. 工具未清点，扣2分 3. 量具未检查有效性，扣2分 4. 试车记录单未填写并签字，扣2分 5. 未开启计算机进入试车界面，扣1分	扣分值： 理由：	1. 工具摆放不规范，扣2分 2. 未按工具单清点工具，扣2分 3. 安全防护佩戴或使用不规范，扣1分 4. 有损伤工具设备的行为，扣1分	扣分值： 理由：
	2	安全准备 1. 佩戴个人安全防护 2. 设备安全使用注意事项已阅读 3. 与相关人员的安全沟通已执行				
试车准备 （5分）	3	1. 识读工卡 2. 检查压气机、涡轮叶片 3. 检查发动机安装固定情况 4. 检查发动机滑油位 5. 签字确认所做工作	1. 未阅读工卡，扣1分 2. 未检查压气机、涡轮叶片，每项扣1分，最多扣4分 3. 未检查发动机安装固定情况，每项扣1分，最多扣4分 4. 未检查发动机滑油位，每项扣1分，最多扣3分 5. 所做工作未签字，每项扣1分，最多扣3分	扣分值： 理由：	1. 发动机状态未检查到位，每漏1项扣1分，最多扣5分 2. 工卡未及时签署，每次扣1分，最多扣2分	扣分值： 理由：
试车检验 （60分）	4	1. 发动机起动 2. 检查记录"慢车"状态性能参数 3. 检查记录(81.5±1)%状态性能参数 4. 检查记录 MC → ZD 加速性 5. 检查记录加力接通 6. 检查记录空中起动 7. 发动机冷却 8. 发动机停车	1. 起动过程中不注意观察仪表参数、手未持住油门手柄，每项扣2分 2. 未检查记录起动过程参数，每项扣2分，最多扣8分 3. 未检查记录"慢车"状态参数，每项扣2分，最多扣8分 4. 未检查记录（81.5±1)%状态参数，每项扣2分，最多扣8分	扣分值： 理由：	1. 未按操作规程操作发动机试车，每项扣3分，最多扣10分 2. 操作发动机试车时注意力不集中，不注意观察试车数据，每项扣3分，最多扣10分 3. 操作发动机试车油门手柄动作过大，有碰撞等现象，每项扣3分，最多扣10分	扣分值： 理由：

续表

工作步骤			评分要素			
			基本技能		维修作风	
试车检验（60分）	4		5. 未检查 MC→ZD 加速性时间、n_1 急增、t_4 温度急增，每项扣2分，最多扣8分 6. 未检查记录加力接通 t_4 急降量、P_4 压力急降量、加力点火时间，每项扣2分，最多扣8分 7. 未检查记录空中起动，每项扣2分，最多扣8分 8. 未检查发动机停车余转，每项扣2分，最多扣4分	扣分值： 理由：		扣分值： 理由：
质量记录（5分）	5	1. 检查试车记录单 2. 检查发动机起动 3. 发动机预热 4. 检查发动机参数 5. 发动机冷却 6. 检查发动机试车其他工步	1. 试车记录单填写不规范，有错/漏项，每项扣0.5分，最多扣2分 2. 起动参数未检查、未记录，每项扣0.5分，最多扣2分 3. "慢车"状态性能参数未记录或漏项，每项扣0.5分，最多扣2分 4. （81.5±1）% 状态性能参数未记录或漏项，每项扣0.5分，最多扣2分 5. MC→ZD 加速性能参数未记录或漏项，每项扣0.5分，最多扣2分 6. 加力接通未记录或漏项，每项扣0.5分，最多扣2分 7. 空中起动检查未记录或漏项，每项扣0.5分，最多扣2分 8. 未按试车工步检查或漏项，每项扣0.5分，最多扣2分 9. 停车未检查余转时间，每项扣0.5分，最多扣2分	扣分值： 理由：	1. 随意更改试车步骤顺序，有错/漏项，每项扣0.5分，最多扣2分 2. 试车记录字迹不清楚、有涂改，每项扣0.5分，最多扣2分 3. 试车记录漏填、错填，每项扣0.5分，最多扣2分 4. 未下试车结论，扣0.5分	扣分值： 理由：

续表

工作步骤			评分要素			
			基本技能		维修作风	
收尾 (15分)	6	1. 工件署名，上交 2. 按工具清单清点工具 3. 清洁工作区域 4. 归还工具，耗材 5. 签署工卡	1. 未按规定检查发动机涡轮叶片、压气机叶片及滑油位，每项扣2分，最多扣6分 2. 未检查工具完好性，扣2分 3. 未按工具清单清点工具，扣2分 4. 未归还工具、耗材，扣2分 5. 工卡签署不规范、漏项，每项扣2分，最多扣6分	扣分值： 理由：	1. 工作场地有多余物，扣2分 2. 工作区域未清洁，扣3分	扣分值： 理由：
标准工时	90min	实际工时	1. 未在标准工时内完成扣2～10分 2. 每超5min扣2分，最多扣10分，不足5min按5min计算		扣分值： 理由：	
项目分数		是否通过	是□ 否□		评估员签字：　　　　年　　月　　日	

随手笔记

检查和调整发动机起动

🌐 学习目标
- ★熟悉起动系统的工作过程、工作原理。
- ★掌握发动机起动参数限制的目的、意义和技术要求。
- ★熟悉气动式放气活门的技术要求、构造及工作原理。
- ★掌握气动式放气活门的检查、调整主要内容、调整方法和注意事项。

📋 学习路径
- ★通过学习信息单,掌握基本理论知识。
- ★通过完成任务单,在实践中巩固和升华理论知识。
- ★通过完成评估单,反馈学习中的不足和改进方向。
- ★通过课后训练,再学习、再提高。

🏃 学习资源
- ★校内一体化教室。
- ★视频、PPT、习题答案等。
- ★网络资源等。

🤲 学习任务
- ★检查和调整发动机起动温度。
- ★检查和调整气动式放气活门的关闭转速。

项目思维导图

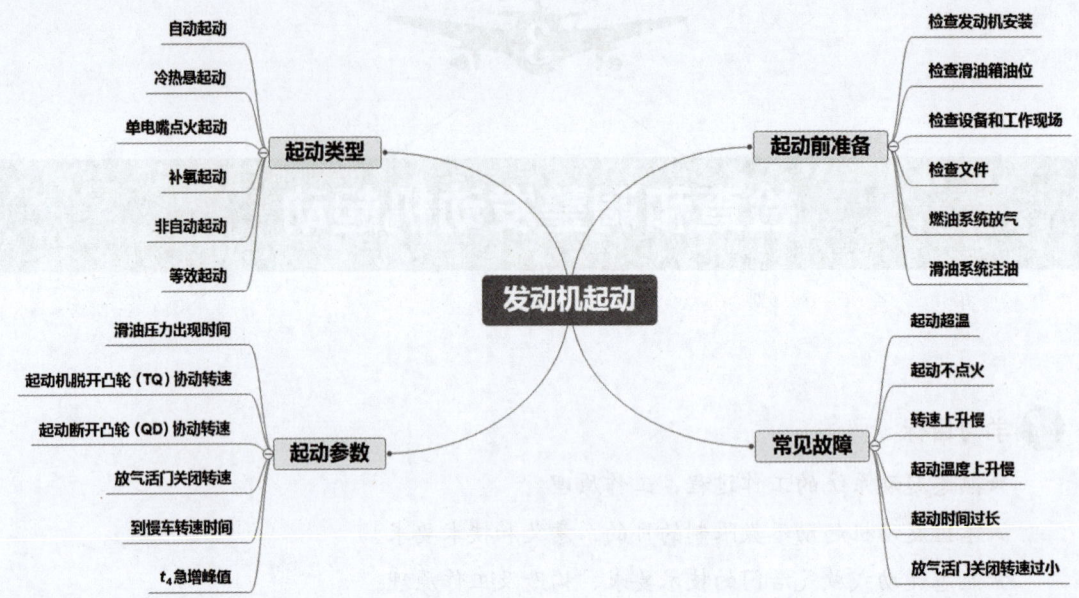

课程思政

新中国航空动力界首位中国工程院院士——刘大响

刘大响,湖南省祁东县人。1960年毕业于北京航空学院,1986年起任中国燃气涡轮研究院(原624研究所)总工程师和第一总设计师,现任中国一航集团公司科技委副主任,北京航空航天大学教授、博士生导师。在国家重点工程——高空模拟试车台建设和三项重大国防科技关键技术预研中,主持完成数十项课题研究,突破多项关键技术,为我国航空发动机设计研究作出了重大贡献。四十多年来,刘大响长期从事航空发动机设计和研究工作,主持完成多项重大课题研究和国际合作,荣获国家科技进步特等奖1项,二等奖2项;部级科技进步奖13项及香港"何梁何利"科技进步奖。

1995年刘大响当选中国工程院院士。

任务 3.1 检查和调整发动机自动起动

3.1.1 信息单

| 任务编号 | 3.1 | 任务名称 | 检查和调整发动机自动起动 |

1. 主要参数指标

滑油压力出现的时间：不大于 20s。

起动机脱开凸轮（TQ）协动转速：$n_2 = 32^{+2}_{-1}\%$。

起动断开凸轮（QD）协动转速：$n_2 = (48 \pm 2)\%$。

左放气活门关闭转速：$n_2 = 47_{-5}\%$。

右放气活门关闭转速：$n_2 = 47_{-5}\%$。

自动起动时间：不大于 55s。

等效起动时间：不大于 80s。

冷悬起动时间：不大于 100s。

涡轮后排气温度 t_4 急增最高不大于 700℃。

起动过程供油路线

2. 发动机的常见起动形式

起动的分类和定义。把发动机转子从静止状态加速到规定的"慢车"状态称为发动机起动，主要分为以下五种：

（1）自动起动：除按压起动按钮和把油门手柄放置在"慢车"的两个操作由人工完成外，均由自动装置完成的起动。

注：①冷起动：发动机停车至少 1.5h 后的起动，称作冷态起动或地面冷起动；②热起动：发动机熄火或停车后不超过规定时间内的再起动或按排气温度指示不低于规定值的再起动。

（2）冷/热悬起动、等效起动：对于电动机起动的发动机，必须具备用发动机上的电瓶电源成功起动发动机的功能。试车台要备有模拟外场电源输出特性的等效电源，以进行模拟外场电源起动验证和调整。

1）冷悬起动：用等效电源检查冷悬起动。起动前将起动自动器调整螺钉，在自动起动的位置上外拧一圈进行冷悬起动，其他操作方式均与自动起动相同。

2）热悬起动：用等效电源检查热悬起动。起动前将起动自动器调整螺钉，在自动起动的位置上里拧一圈进行热悬起动，其他操作方式均与自动起动相同。

3）等效起动：用等效电源检查等效起动。起动前将起动自动器调整螺钉，在自动起动的位置上进行等效起动，其他操作方式均与自动起动相同。

（3）单电嘴点火起动：分别用发动机两个电嘴中的其中一个进行单独点火的起动。

(4)补氧起动：模拟空中起动过程中，向点火器补充供给氧气的起动。

(5)非自动起动：人为操作发动机油门手柄，并控制调节起动供油量的起动。

3. 起动参数的限制

发动机各种的起动参数应符合以下限制要求。

(1)起动时间：从按压起动按钮使发动机由静止达到"慢车"状态所需的最长允许时间。

(2)再起动时间：发动机停车和下次起动最短允许间隔时间或两次起动之间最短允许间隔时间。

(3)起动温度极限：起动过程中涡轮后最高允许的排气温度值。

(4)冷悬挂和热悬挂：起动过程中的供油规律，既要满足规定的起动时间要求，又要受燃烧室贫油和富油稳定工作边界和压气机稳定工作裕度及发动机热端部件承热能力的限制。

1)冷悬挂。供给燃烧室的燃油过贫，这时排气温度较低，转速不能加速或加速过慢的现象称作"冷悬挂"。

2)热悬挂。由于压气机失速引起转子阻力矩增大，起动机驱动力矩因某种原因低于最小需要扭矩，此时进入发动机的空气流量过小，而燃油按正常规律供给或供给过多致使涡轮前温度迅速上升，或者主燃烧室火焰后移，甚至拖出尾喷口，使得发动机转速不能上升而排气温度急剧上升，这种现象称作"热悬挂"。

冷/热悬挂都是起动故障，其结果是起动不成功。而热悬挂还有烧坏发动机涡轮叶片及导向器叶片的危险，应尽量避免或减少发动机热悬挂的持续时间。

4. 起动参数记录

下列数据是判断起动过程是否正常和查找起动失败原因的依据，因此在起动过程中必须记录。

(1)起动时按下"起动"按钮后滑油压力开始指示的时间。

(2)起动点火器的燃油压力。

(3)从起动开始到达起动机脱开的转速。

(4)从起动开始到达起动过程断开的协动转速。

(5)气动式放气活门的关闭转速。

(6)从起动开始转速到达规定转速的时间。

(7)起动涡轮后排气温度上升的最高峰值。

5. 起动注意事项

(1)发动机起动时滑油系统显示内压力，否则应立即停车排除故障。

(2)在任意转速下停止起动时，将发动机油门手柄置于"停车"位置前和停车后，必须按该型发动机试车规程的规定完成要求的操作，以免造成损坏。例如，某型涡喷发动机要求油门手柄置于"停车"位置前必须预先切断起动附件电门，以防止棘轮离合器损坏，并规定停车后，如果起动自动程序的周期未结束就被中断起动，应进行补充完成起动自动程序周期的操作。

（3）为避免起动传动装置损坏，在由起动机直接驱动的发动机转子 n_2 完全停转前，严禁再次起动发动机或运转。

（4）发动机所有转子完全停转之后，距再次起动的时间间隔不得少于规定时间。

（5）起动过程按该型号发动机要求对起动机进行冷却。不冷却的连续起动次数严禁超过规定。

（6）在起动过程中，如果用起动机直接驱动的发动机转子转速超过规定极限值时，应立即按规定办法停车，以防起动机超转损坏。有超转保护的起动机系统，应在起动前检查确认超转保护功能是否有效。

（7）停车后，燃烧室内有余火，一般允许在由起动机机械驱动的高压转子 n_2 完全停转后，可立即进行冷运转吹灭余火。

（8）为了防止火灾，起动不成功时，应检查燃烧室内有无积油和余火，并及时进行冷运转吹除发动机内部积油和余火。

（9）冷运转未达到规定转速或转子转动有摩擦声和异常声的发动机，在原因未查明之前，禁止再次起动。

（10）起动过程遇有下列情况之一者应中断起动：

1）在规定的时间内滑油系统压力无压力指示。

2）在规定的时间内工作燃油未点燃。

3）涡轮后燃气温度上升仍有可能超过极限值时。

4）出现冷悬挂、热悬挂、喘振或喷火等危险情况时。

5）有产生火灾可能的燃油、滑油等泄漏时。

6. 常见故障及原因分析

发动机自动起动常见故障及原因分析见表3-1。

表3-1 发动机自动起动常见故障及原因分析

序号	故障现象	故障分析	排除方法
1	点火器未形成点火源	1. 点火器不供油，起动电磁活门故障 2. 起动电嘴不工作 3. 起动电嘴火花弱，不连续	1. 更换电磁活门 2. 排除电路故障 3. 更换电嘴
2	转速、排气温度上升缓慢，起动不起来	1. 燃油急降活门卡死，卸油 2. 起动放气嘴脱落 3. 起动电压低 4. 起动供油量小 5. 油门手柄未放置在"慢车"位置	1. 更换活门 2. 重新安装 3. 排除起动电源故障 4. 调整起动自动起调整螺钉（里拧） 5. 检查调整至"慢车"位置

续表

序号	故障现象	故障分析	排除方法
3	起动排气温度上升快，有超温趋势	1. 起动供油量偏大 2. 起动放气嘴偏小 3. 油门手柄超过"慢车"位置 4. 起动放气活门关闭转速小	1. 调整起动自动起调整螺钉（外拧） 2. 更换放气嘴（换大） 3. 检查调整至"慢车"位置 4. 调整放气活门关闭转速
4	起动排气温度上升缓慢，起动时间超过规定	1. 起动供油量偏小 2. 起动放气嘴偏大 3. 油门手柄低于"慢车"位置	1. 调整起动自动起调整螺钉（里拧） 2. 换小孔径放气嘴 3. 检查至"调整慢车"位置

7. 发动机自动起动

（1）发动机起动前的准备。

1）检查发动机安装是否正确、牢靠。

起动温度调整原理

检查发动机在台架上的固定情况，各连接管路安装是否正确、牢靠，电路导线连接是否正确、牢靠。

2）检查滑油箱油位，油箱内应注有（11±0.5）L 滑油。

3）检查设备和工作现场的准备工作，试车间内和发动机上不应有多余物品，工作场地清洁，防火设施到位。

4）检查台架起动电源电压 24^{+1}V，附件直流控制电源电压 26～29V。

5）检查有无下列文件：

①发动机卷宗和发动机附件履历本。

②试车仪表检验单。

③燃油、滑油分析化验报告单。

（2）检查和调整发动机自动起动。起动系统的作用是在地面保证发动机迅速可靠地起动，在飞行中当发动机发生空中停车时能进行空中起动。起动系统由电源设备、起动点火装置、放气装置和空中起动补氧装置等组成。它们与燃油系统起动自动器、回油电磁活门、补油电磁活门等自动装置协同工作，保证发动机迅速可靠地自动起动。检查自动起动时应注意以下情况：

1）发动机开始运转后检查确信滑油系统内有无压力出现，如 17s 后若无压力出现发动机应立即停车，检查排除故障。

2）为了避免起动电机传动装置损坏，当高压转子未完全停止转动前，严禁再次起动发动机。

3）在起动周期内高压转子转速超过 $n_2=34\%$ 时，不允许起动电机工作，必要时切断"整流器"电源，脱开起动机。

4）发动机停车后燃烧室内有余火的情况下，在高压转子完全停转后立即进行冷运转吹灭余火。

5) 起动出现冷悬挂、热悬挂、喘振或喷火等危险情况时,应立即停车。

(3) 调整自动起动。

1) 经慢车转速、起动机脱开凸轮（TQ）协动转速、起动断开凸轮（QD）协动转速调整之后,可用选择起动自动器放气嘴的方法和起动自动器调整螺钉来调整自动起动。

注意: 允许选择起动活门座和起动活门弹簧来调整自动起动。

2) 里拧起动自动器（图 3-1）的调整螺钉或换装直径小的放气嘴,可以减少起动时间,同时涡轮后排气温度 t_4 增加。

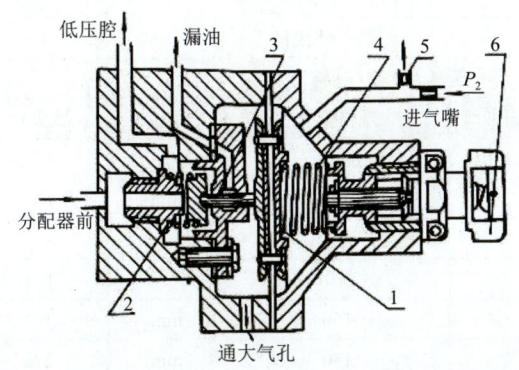

1—薄膜；2—活门；3—顶杆；4—调准弹簧；5—放气嘴；6—调整螺钉

图 3-1　起动自动器

3) 拧动可调补油活门（图 3-2）的调整螺钉,可以改变调整螺钉的圆锥面相对于衬套之间的流通面积。里拧调整螺钉,流通面积减小,则补油量减小,反之补油量增大。

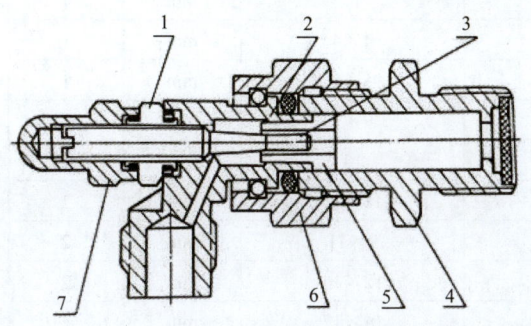

1—保险螺母；2—壳体；3—调整螺钉；4—管接头；5—衬套；
6—外加螺母；7—帽盖

图 3-2　可调补油活门

注意: 发动机进入"慢车"状态后检查放气活门的关闭情况,此时放气活门应关闭,且不允许漏气。

3.1.2 任务单

任务		检查和调整发动机自动起动			
机型	N/A		机号		
工作区域	发动机维修实训中心		版本		R0
工时	90min	开始时间		结束时间	
完成签署/日期			检验签署/日期		
参考文件资料及标准		《发动机维修规程》			
编写/修订		审核		批准	
日期		日期		日期	

工具/设备/辅材					工作者	检查者
类别	名称	规格型号	单位	数量		
工具	秒表	通用	—	4		
	游标卡尺	0~125	mm	1		
	计算器	通用	—	2		
	手电	通用	—	1		
	尖嘴钳	150	mm	2		
	斜口钳	150	mm	2		
	自动保险钳	通用	—	1		
	一字螺丝刀	150	mm	1		
	一字螺丝刀	200	mm	1		
	套筒扳手	9	mm	1		
	套筒扳手	10	mm	1		
	套筒扳手	11	mm	1		
	组合扳手	4×4	mm	1		
	组合扳手	5×5	mm	1		
	组合扳手	9×9	mm	1		
	梅花扳手	14	mm	1		
	S梅花扳手	11×11	mm	1		
	开口扳手	9×11	mm	2		
	开口扳手	12×14	mm	2		
	开口扳手	14×17	mm	2		
	开口扳手	19×22	mm	2		
	开口扳手	30×32	mm	1		
	喷口直径测具	$M_{28}6360\phi-0001$	—	1		
	层板节流器卸具	M5×50	mm	1		
设备	发动机试车训练系统	—	台	2		
辅材	工作单	—	份	1		
	试车记录单	—	份	1		

续表

工具 / 设备 / 辅材					工作者	检查者
类别	名称	规格型号	单位	数量		
辅材	保险丝	$\phi 0.8$、$\phi 0.5$	mm	各 1 卷		
	擦布	—	块	2		
	签字笔	—	支	1		
1. 工作准备					工作者	检查者
1. 开启计算机，进入试车界面 2. 在试车记录单上记录如下检查内容 （1）填写工作任务：_____ （2）检查发动机的安装及固定情况 （3）检查发动机压气机及涡轮叶片 （4）检查发动机滑油位：_____L （5）清洁现场、清点工具						
2. 分析故障拟定排除方案					工作者	检查者
1. 故障现象 起动排气温度规定值：不大于 700℃ 2. 故障分析与调整 （1）起动自动器螺钉调整 （2）起动放气嘴调整 注意：起动供油量有以上两种方法调整，本工卡选择起动起动自动器螺钉调整 3. 起动自动器调整 （1）初步分析起动温度高的原因：_____ （2）起动自动器调整螺钉在_____泵上 （3）起动自动器调整螺钉外拧供油量增加还是减小：_____ 4. 依据调整变化量计算出所需调整量 调整方向：_____拧；调整量：_____圈 注意：起动自动器调整螺钉外拧一圈，排气温度减小 40 ~ 60℃						
3. 实施调整					工作者	检查者
1. 在发动机主燃油泵（图 3-3）上调整 （1）按规定要求拆除起动自动器卡环保险并取下卡环 （2）将起动自动器调整旋钮压下 （3）按照调整方案进行调整 （4）清洁现场、清点工具 2. 在试车界面上调整 （1）单击"其他调整"						

续表

3. 实施调整	工作者	检查者
（2）弹出"调整界面"对话框，单击"自动起动调整" （3）调整： 起动自动器螺钉调整方向：_____拧；调整量：_____圈；单击"确定"按钮 1—起动自动器调整螺钉；2—保险丝；3—卡环；4—高空层板节流器；5—低空层板节流器；6—起动自动器调整螺钉；7—最大转速调整螺钉；8—反向层板节流器；9—进油管；10—液压延迟器层板节流器；11—油门操纵臂 图 3-3　主燃油泵结构		
4．起动发动机检查调整结果	工作者	检查者
1．起动准备工作 （1）选择试车步骤：自动起动 （2）接通：总电源、控制电源 （3）接通：起发吹风、起动燃油、起动补油、大流量、整流器 （4）起动转换开关转置：整流器 （5）油封转换开关置于：起动 （6）油门手柄置于：慢车 （7）依次按下："电铃""起动"按钮，发动机即可开始起动 2．试车程序		

序号	工作状态	时间、次数	工作内容	限制
1	自动起动 （检查调整情况）		1．发动机起动 2．到达慢车转速后记录以下参数： （1）滑油压力出现的时间 （2）起动机脱开凸轮（TQ）协动转速 （3）起动断开凸轮（QD）协动转速 （4）左放气活门关闭转速： （5）右放气活门关闭转速 （6）起动到慢车转速的时间 （7）涡轮后排气温度 t_4 急增最高峰值 注意：①检查起动排气温度调整情况； ②起动排气温度不允许超过规定值	不大于 20s $n_2=32^{+2}_{-1}\%$ $n_2=(48\pm2)\%$ $n_2=47_{-5}\%$ $n_2=47_{-5}\%$ 不大于 55s 排气温度不高于 700℃

续表

序号	工作状态	时间、次数	工作内容	限制
2	MC（慢车）	2min	1. 发动机加温 2. 记录参数 （1）低压转子转速 （2）高压转子转速 （3）滑油压力 （4）涡轮后排气温度 t_4 （5）慢车副油路压力	实测值 实测值 不小于 0.098MPa 实测值 （2.06±0.1）MPa
3	（81.5±1）%	2min	1. 发动机加温 2. 记录参数 （1）低压转子转速 （2）高压转子转速 （3）滑油压力 （4）副油路压力 （5）涡轮后排气温度 t_4	实测值 实测值 不小于 0.343MPa 实测值
4	MC→ZD 加速性	检查两次	1. 以 1.5～2.0s 迅速推油门手柄到最大状态（64°～72°），检查发动机加速性 2. 记录参数 （1）低压转子转速 n_1=99% 的时间 （2）低压转子转速急增最高值 （3）涡轮后排气温度 t_4 急增	按曲线求出 n_1 不大于 101.5% 排气温度不高于 800℃
5	（81.5±1）%	2min	1. 发动机冷却 2. 记录参数 （1）低压转子转速 （2）高压转子转速 （3）滑油压力 （4）副油路压力 （5）涡轮后排气温度 t_4	
6	MC（慢车）	2min	1. 发动机冷却 2. 记录参数 （1）低压转子转速 （2）高压转子转速 （3）滑油压力 （4）副油路压力 （5）涡轮后排气温度 t_4 3. 单击试车步骤"停车"	不小于 0.098MPa 实测值
7	停车		1. 油门手柄收到"停车"位置，发动机停车 2. 记录参数 （1）低压转子转速惯性时间 _____ s （2）高压转子转速惯性时间 _____ s	不小于 150s 不小于 35s
8			试车结论：_____	

续表

5. 结束工作	工作者	检查者
1. 用 ϕ0.8mm 保险丝将起动自动器卡环打上保险 2. 清洁工作现场、清点工具		

3.1.3 评估单

实操任务：检查和调整发动机起动温度			实训评估单号：任务一		配套实训工卡号：任务一	
姓名		班级		学号		
工作步骤			评分要素			
			基本技能		维修作风	
准备 （15分）	1	工具/设备/材料等准备 1. 工具借用准备 2. 按工具清单清点工具/设备/材料 3. 量具有效性检查 4. 试车记录单填写并签字 5. 开启计算机进入试车界面	1. 工具准备不到位，扣2分 2. 工具未清点，扣2分 3. 量具未检查有效性，扣2分 4. 试车记录单未填写并签字，扣2分 5. 未开启计算机进入试车界面，扣1分	扣分值： 理由：	1. 工具摆放不规范，扣2分 2. 未按工具单清点工具，扣2分 3. 安全防护佩戴或使用不规范，扣1分 4. 有损伤工具设备的行为，扣1分	扣分值： 理由：
	2	安全准备 1. 佩戴个人安全防护 2. 设备安全使用注意事项已阅读 3. 与相关人员的安全沟通已执行				
分析故障制定方案 （8分）	3	1. 明确工作任务 2. 了解故障现象 3. 分析故障 4. 制定排除方案 5. 调整螺钉调整方向 6. 调整螺钉调整量 7. 明确调整部位	1. 不清楚工作任务，扣2分 2. 不了解故障的性质，扣2分 3. 不了解故障产生的原因，扣2分 4. 方案制定错误、方案不合理，每项扣2分，最多扣6分 5. 不清楚调整位置、错误选择调整位置，每项扣2分，最多扣6分	扣分值： 理由：	1. 故障排除方案未填写完整准确，每漏1项扣2分，最多扣8分 2. 工卡未及时签署，每次扣1分，最多扣2分	扣分值： 理由：
发动机调整 （22分）	4	1. 选择使用调整工具 2. 拆除调整部位上的保险 3. 调整时的规范性 4. 调整部位锁紧 5. 完工后清点工具	1. 选择工具不合理、使用不正确，每项扣3分 2. 调整螺钉的调整量超出规定值，扣3分 3. 调整螺钉的调整方向错误，扣3分	扣分值： 理由：	1. 工具摆放混乱，扣2分 2. 强行拆除保险丝，扣2分 3. 保险丝未整根拆除，扣2分	扣分值： 理由：

续表

工作步骤			评分要素			
			基本技能		维修作风	
发动机调整（22分）	4		4. 拆除保险未整跟拆除、强行拆除，每项扣3分，最多扣9分 5. 调整时未使用双扳手固定调整螺钉，扣3分 6. 调整位置保险错误、保险路线不合理，每项扣2分 7. 拉紧角度不够、编花密度过紧或过松，每项扣2分		4. 工具、零件落地，扣2分 5. 调整后未清扫整理工作现场，扣2分 6. 调整操作不规范，扣2分 7. 完工未清点工具，扣2分 8. 工作后未签字，扣2分	
试车准备（5分）	5	1. 识读工卡 2. 检查压气机、涡轮叶片 3. 检查发动机安装固定情况 4. 检查发动机滑油位 5. 签字确认所做工作	1. 未阅读工卡，扣1分 2. 未检查压气机、涡轮叶片，每项扣1分，最多扣4分 3. 未检查发动机安装固定情况，每项扣1分，最多扣4分 4. 未检查发动机滑油位，每项扣1分，最多扣3分 5. 所做工作未签字，每项扣1分，最多扣3分	扣分值： 理由：	1. 发动机状态未检查到位，每漏1项扣1分，最多扣5分 2. 未做发动机超温应急预案，扣5分	扣分值： 理由：
试车检验（30分）	6	1. 发动机起动 2. 检查记录"慢车"状态性能参数 3. 检查记录（81.5±1）%状态性能参数 4. 检查记录MC→ZD加速性 5. 发动机冷却 6. 检查发动机停车	1. 起动过程中不注意观察仪表参数、手未持住油门手柄，每项扣2分 2. 未检查记录起动过程参数，每项扣2分，最多扣8分 3. 未检查记录"慢车"状态参数，每项扣2分，最多扣8分 4. 未检查记录（81.5±1）%状态参数，每项扣2分，最多扣8分 5. 未检查MC→ZD加速性，每项扣2分，最多扣8分 6. 未检查记录（81.5±1）%状态参数，每项扣2分，最多扣8分 7. 未检查发动机停车余转，每项扣2分，最多扣4分	扣分值： 理由：	1. 未按操作规程操作发动机试车，每项扣3分，最多扣10分 2. 操作发动机试车时注意力不集中，不注意观察试车数据，每项扣3分，最多扣10分 3. 操作发动机试车油门手柄动作过大，有碰撞等现象，每项扣3分，最多扣10分	扣分值： 理由：

续表

工作步骤			评分要素			
			基本技能		维修作风	
质量记录（5分）	7	1. 检查试车记录单 2. 检查发动机起动 3. 发动机预热 4. 检查发动机参数 5. 发动机冷却 6. 检查发动机试车其他工步	1. 试车记录单填写不规范，有错/漏项，每项扣0.5分，最多扣2分 2. 起动参数未检查、未记录，每项扣0.5分，最多扣2分 3. "慢车"状态性能参数未记录或漏项，每项扣0.5分，最多扣2分 4.（81.5±1）%状态性能参数未记录或漏项，每项扣0.5分，最多扣2分 5. MC→ZD 加速性能参数未记录或漏项，每项扣0.5分，最多扣2分 6. 未按试车工步检查或漏项，每项扣0.5分，最多扣2分 7. 停车未检查余转时间，每项扣0.5分，最多扣2分	扣分值： 理由：	1. 随意更改试车步骤顺序，有错/漏项，每项扣0.5分，最多扣2分 2. 试车记录字迹不清楚、有涂改，每项扣0.5分，最多扣2分 3. 试车记录漏填、错填，每项扣0.5分，最多扣2分	扣分值： 理由：
收尾（15分）	8	1. 工件署名，上交 2. 按工具清单清点工具 3. 清洁工作区域 4. 归还工具，耗材 5. 签署工卡	1. 未按规定检查发动机涡轮叶片、压气机叶片及滑油位，每项扣2分，最多扣6分 2. 未检查工具完好性，扣2分 3. 未按工具清单清点工具，扣2分 4. 未归还工具，耗材，扣2分 5. 工卡签署不规范、漏项，每项扣2分，最多扣6分	扣分值： 理由：	1. 工作场地有多余物，扣2分 2. 工作区域未清洁，扣3分	扣分值： 理由：
标准工时	90min	实际工时	1. 未在标准工时内完成扣2～10分 2. 每超5min扣2分，最多扣10分，不足5min按5min计算		扣分值： 理由：	
项目分数		是否通过	是□ 否□	评估员签字：	年 月 日	

任务 3.2 检查和调整气动式放气活门关闭转速

3.2.1 信息单

任务编号	3.2	任务名称	检查和调整气动式放气活门关闭转速

1. 主要性能指标

左放气活门关闭转速规定值：47_{-5}^{+5}%。

右放气活门关闭转速规定值：47_{-5}^{+5}%。

2. 构造及工作原理

在发动机主燃烧室外上装有两个起动放气活门。左面的起动放气活门装在 2 号、3 号火焰筒之间，右面的起动放气活门装在 8 号、9 号火焰筒之间。

发动机起动时，压气机后的 P_2 空气压力较小，活门在弹簧力的作用下处于打开位置。此时，压气机部分空气放入大气。

随着发动机转速增大，压气机后的空气压力逐渐增高，到达一定转速时，P_2 压力克服弹簧力使放气活门开始关闭。当活门开始上移时，P_2 压力仍仅作用于活门上，当活门移动到活门杆中的放气孔被打开的位置时，压气机后的空气将进入并将作用于活塞下腔，其合力将迅速关闭放气活门。

作用在活门和活塞上的 P_2 压力的合力，可保证放气活门在发动机所有工作状态下以及所有高度上发动机风车转速下均可靠地关闭。

3. 常见故障及原因分析

气动式放气活门关闭转速常见故障及原因分析见表 3-2。

表 3-2 气动式放气活门关闭转速常见故障及原因分析

序号	故障现象	原因分析	排除方法
1	放气活门关闭转速大于技术要求	放气活门调整试验与发动机转速匹配性不好	外拧活门齿盖
2	1. 放气活门关闭转速小于技术要求 2. 起动过程中发动机声音低沉、转速悬挂、排气温度急增	1. 放气活门调整试验与发动机转速匹配性不好 2. 放气活门调整试验误差过大，齿盖弹簧力小	1. 里拧调整活门齿盖 2. 里拧调整活门齿盖
3	放气活门关闭后漏气	活门结合面损伤	更换放气活门

4. 检查和调整

（1）在发动机起动过程中，检查气动式放气活门关闭转速（左右两个放气活门），发动机起动前左右放气活门信号灯熄灭，放气活门为打开位置，当高压转子转速 n_2 上升到规定关闭转速时,左右放气活门信号灯点亮,放气活门关闭。

(2)规定关闭转速为高压转子的换算转速,如果关闭转速不符合规定,则按下列方法进行调整(图 3-4)。

1)拆除锁紧筒帽上的保险。

2)拧松锁紧筒帽,并取下。

3)通过旋拧盖子进行调整,里拧旋转盖子,放气活门关闭转速增加,否则减小。

4)调整后安装锁紧筒帽并锁紧。

5)起动发动机重新检查放气活门关闭转速。

6)调整合格后,对锁紧筒帽实施保险,然后签署工卡。

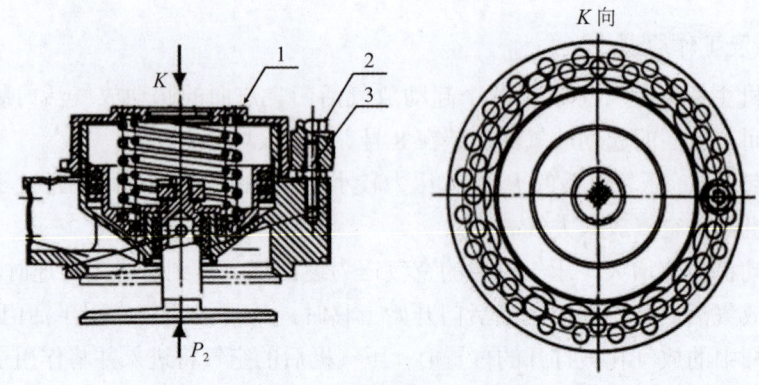

1—盖子;2—锁紧筒帽;3—螺桩

图 3-4 气动式放气活门

3.2.2 任务单

任务		检查和调整气动式放气活门关闭转速				
机型		N/A	机号			
工作区域		发动机维修实训中心	版本		R0	
工时		90min	开始时间		结束时间	
完成签署/日期			检验签署/日期			
参考文件资料及标准		《发动机维修规程》				
编写/修订			审核		批准	
日期			日期		日期	
工具/设备/辅材					工作者	检查者
类别	名称	规格型号	单位	数量		
工具	秒表	通用	—	2		
	游标卡尺	0~125	mm	1		
	计算器	通用	—	2		

续表

工具 / 设备 / 辅材					工作者	检查者
类别	名称	规格型号	单位	数量		
工具	手电	通用	—	1		
	尖嘴钳	150	mm	2		
	斜口钳	150	mm	2		
	自动保险钳	通用	—	1		
	一字螺丝刀	150	mm	1		
	一字螺丝刀	200	mm	1		
	套筒扳手	9	mm	1		
	套筒扳手	10	mm	1		
	套筒扳手	11	mm	1		
	组合扳手	4×4	mm	1		
	组合扳手	5×5	mm	1		
	组合扳手	9×9	mm	1		
	梅花扳手	14	mm	1		
	S梅花扳手	11×11	mm	1		
	开口扳手	9×11	mm	2		
	开口扳手	12×14	mm	2		
	开口扳手	14×17	mm	2		
	开口扳手	19×22	mm	2		
	开口扳手	30×32	mm	1		
	喷口直径测具	$M_{28}6360\phi-0001$	—	1		
	层板节流器卸具	M5×50	mm	1		
设备	发动机试车训练系统	—	台	2		
辅材	工作单	—	份	1		
	试车记录单	—	份	1		
	保险丝	$\phi 0.8$、$\phi 0.5$	mm	各1卷		
	擦布	—	块	2		
	签字笔	—	支	1		
1. 工作准备					工作者	检查者

1. 开启计算机，进入试车界面
2. 在试车记录单上记录如下检查内容
(1) 填写工作任务：_____
(2) 检查发动机的安装及固定情况
(3) 检查发动机压气机及涡轮叶片
(4) 检查发动机滑油位：_____L
(5) 清洁现场、清点工具

续表

2. 分析故障拟定调整方案	工作者	检查者
1．故障现象 （1）左放气活门关闭转速实测值为48%；规定值为47.5% （2）右放气活门关闭转速实测值为41%；规定值为47.5% 2．故障分析与调整 （1）在发动机左侧调整：_____放气活门 （2）在发动机右侧调整：_____放气活门 （3）调整放气活门：_____盖 （4）依据调整变化量计算调整量 左放气调整齿盖方向：_____拧；调整量：_____圈 右放气调整齿盖方向：_____拧；调整量：_____圈 注意：调整齿盖里拧一圈放气活门关闭转速（n_2）增高约 0.8%		
3. 实施调整	工作者	检查者
1．在发动机上调整 (1) 按规定要求分别拆除左和右放气活门锁紧筒帽上的保险（图3-5） (2) 用开口扳手或套筒（10mm）松开锁紧筒帽并取下 (3) 按照调整方案确定的调整量调整 (4) 分别安装左右锁紧筒帽并锁紧 (5) 完工后清点工具并签字 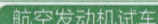 1—盖子；2—锁紧筒帽；3—螺桩；4—锁紧筒帽；5—调整齿盖 图3-5 气动式放气活门 2．在试车界面上调整 （1）单击"转速调整" （2）弹出"调整界面"对话框，单击"放气活门关闭转速" （3）调整放气活门齿盖 1）左放气调整方向：_____拧；调整量：_____圈；单击"确定"按钮 2）右放气调整方向：_____拧；调整量：_____圈；单击"确定"按钮		

续表

4．起动发动机检查调整结果				工作者	检查者
1．起动准备工作 （1）选择试车步骤：自动起动 （2）接通：总电源、控制电源 （3）接通：起发吹风、起动燃油、起动补油、大流量、整流器 （4）起动转换开关转置：整流器 （5）油封转换开关置于：起动 （6）油门手柄置于：慢车 （7）依次按下："电铃""起动"按钮，发动机开始起动 2．试车程序					

序号	工作状态	时间、次数	工作内容	限制
1	自动起动 （检查放气活门 关闭转速）		1．发动机起动 2．到达慢车转速后记录以下参数： （1）滑油压力出现的时间 （2）起动机脱开凸轮（TQ）协动转速 （3）起动断开凸轮（QD）协动转速 （4）左放气活门关闭转速： （5）右放气活门关闭转速 （6）起动到慢车转速的时间 （7）涡轮后排气温度 t_4 急增最高峰值 注意：①起动过程中检查左右放气活门关闭转速应符合规定值；②起动排气温度不允许超过规定值	不大于20s $n_2 = 32^{+2}_{-1}\%$ $n_2 = (48 \pm 2)\%$ $n_2 = 47.5\%$ $n_2 = 47.5\%$ 不大于55s 排气温度不高于700℃
2	MC （慢车）	2min	1．发动机加温 2．记录参数 （1）低压转子转速 （2）高压转子转速 （3）滑油压力 （4）涡轮后排气温度 t_4 （5）慢车副油路压力	实测值 实测值 不小于0.098MPa 实测值 （2.06±0.1）MPa
3	（81.5±1）%	2min	1．发动机加温 2．记录参数 （1）低压转子转速 （2）高压转子转速 （3）滑油压力 （4）副油路压力 （5）涡轮后排气温度 t_4	实测值 实测值 不小于0.343MPa 实测值

续表

序号	工作状态	时间、次数	工作内容	限制	
4	MC → ZD 加速性	检查两次	1. 以 1.5～2.0s 迅速推油门手柄到最大状态（油门角度 64°～72°），检查发动机加速性 2. 记录参数 (1) 低压转子转速 n_1=99% 的时间 (2) 低压转子转速急增最高值 (3) 涡轮后排气温度 t_4 急增最高峰值	按曲线求出 n_1 不大于 101.5% 排气温度不高于 800℃	
5	(81.5±1)%	2min	1. 发动机冷却 2. 记录参数 (1) 低压转子转速 (2) 高压转子转速 (3) 滑油压力 (4) 副油路压力 (5) 涡轮后排气温度 t_4		
6	MC（慢车）	2min	1. 发动机冷却 2. 记录参数 (1) 低压转子转速 (2) 高压转子转速 (3) 滑油压力 (4) 副油路压力 (5) 涡轮后排气温度 t_4 3. 单击试车步骤"停车"	不小于 0.098MPa 实测值	
7	停车		1. 油门手柄收到停车位置发动机停车 2. 记录参数 (1) 低压转子转速惯性时间 _____ s (2) 高压转子转速惯性时间 _____ s	不小于 150s 不小于 35s	
8			试车结论：		
5. 结束工作				工作者	检查者
1. 用 ϕ0.8mm 保险丝将左放气活门锁紧筒帽进行保险 2. 用 ϕ0.8mm 保险丝将右放气活门锁紧筒帽进行保险 3. 清洁工作现场、清点工具					

3.2.3 评估单

实操任务：检查和调整气动式放气活门关闭转速			实训评估单号：任务二		配套实训工卡号：任务二	
姓名		班级		学号		
工作步骤			评分要素			
			基本技能		维修作风	
准备 （15分）	1	工具/设备/材料等准备 1. 工具借用准备 2. 按工具清单清点工具/设备/材料 3. 量具有效性检查 4. 试车记录单填写并签字 5. 开启计算机进入试车界面	1. 工具准备不到位，扣2分 2. 工具未清点，扣2分 3. 量具未检查有效性，扣2分 4. 试车记录单未填写并签字，扣2分 5. 未开启计算机进入试车界面，扣1分	扣分值： 理由：	1. 工具摆放不规范，扣2分 2. 未按工具单清点工具，扣2分 3. 安全防护佩戴或使用不规范，扣1分 4. 有损伤工具设备的行为，扣1分	扣分值： 理由：
	2	安全准备 1. 佩戴个人安全防护 2. 设备安全使用注意事项已阅读 3. 与相关人员的安全沟通已执行				
分析故障 制定方案 （8分）	3	1. 明确工作任务 2. 了解故障现象 3. 分析故障 4. 制定排除方案 5. 调整调整齿盖调整方向 6. 调整调整齿盖调整量 7. 明确调整部位	1. 不清楚工作任务，扣2分 2. 不了解故障的性质，扣2分 3. 不了解故障产生的原因，扣2分 4. 方案制定错误、方案不合理，每项扣2分，最多扣6分 5. 不清楚调整位置、错误选择调整位置，每项扣2分，最多扣6分	扣分值： 理由：	1. 故障排除方案未填写完整准确，每漏1项扣2分，最多扣8分 2. 未做发动机喘振应急预案，扣5分	扣分值： 理由：
发动机 调整 （22分）	4	1. 选择使用调整工具 2. 拆除调整部位上的保险 3. 调整时的规范性 4. 锁紧简帽锁紧 5. 完工后清点工具	1. 选择工具不合理、使用不正确，每项扣3分 2. 调整齿盖的调整量超出规定值，扣3分 3. 调整齿盖的调整方向错误，扣3分 4. 拆除保险未整根拆除、强行拆除，每项扣3分，最多扣9分	扣分值： 理由：	1. 工具摆放混乱，扣2分 2. 强行拆除保险丝，扣2分 3. 保险丝未整根拆除，扣2分 4. 工具、零件落地，扣2分	扣分值： 理由：

续表

工作步骤			评分要素			
			基本技能		维修作风	
发动机调整（22分）	4		5. 调整时未松开锁紧筒帽，扣3分 6. 调整位置保险错误、保险路线不合理，每项扣2分 7. 拉紧角度不够、编花密度过紧或过松，每项扣2分		5. 调整后未清扫整理工作现场，扣2分 6. 调整操作不规范，扣2分 7. 完工未清点工具，扣2分 8. 工作后未签字，扣2分	
试车准备（5分）	5	1. 识读工卡 2. 检查压气机、涡轮叶片 3. 检查发动机安装固定情况 4. 检查发动机滑油位 5. 签字确认所做工作	1. 未阅读工卡，扣1分 2. 未检查压气机、涡轮叶片，每项扣1分，最多扣4分 3. 未检查发动机安装固定情况，每项扣1分，最多扣4分 4. 未检查发动机滑油位，每项扣1分，最多扣3分 5. 所做工作未签字，每项扣1分，最多扣3分	扣分值： 理由：	1. 发动机状态未检查到位，每漏1项扣1分，最多扣5分 2. 工卡未准备到位，扣5分	扣分值： 理由：
试车检验（30分）	6	1. 发动机起动 2. 检查"慢车"状态性能参数 3. 检查（81.5±1）%状态性能参数 4. 检查 MC → ZD 加速性 5. 发动机冷却 6. 发动机停车	1. 起动过程中不注意观察仪表参数、手未持住油门手柄，每项扣2分 2. 未检查记录起动过程中参数，每项扣2分，最多扣8分 3. 未检查记录"慢车"状态参数，每项扣2分，最多扣8分 4. 未检查记录(81.5±1)%状态参数，每项扣2分，最多扣8分 5. 未检查 MC → ZD 加速性，每项扣2分，最多扣8分 6. 未检查记录(81.5±1)%状态参数，每项扣2分，最多扣8分 7. 未检查发动机停车余转，每项扣2分，最多扣4分	扣分值： 理由：	1. 未按操作规程操作发动机试车，每项扣3分，最多扣10分 2. 操作发动机试车时注意力不集中，不注意观察试车数据，每项扣3分，最多扣10分 3. 操作发动机试车油门手柄动作过大，有碰撞等现象，每项扣3分，最多扣10分	扣分值： 理由：

续表

工作步骤			评分要素			
			基本技能		维修作风	
质量记录 （5分）	7	1. 检查试车记录单 2. 检查发动机起动 3. 发动机预热 4. 检查发动机参数 5. 发动机冷却 6. 检查发动机试车其他工步	1. 试车记录单填写不规范，有错/漏项，每项扣0.5分，最多扣2分 2. 起动参数未检查、未记录，每项扣0.5分，最多扣2分 3. "慢车"状态性能参数未记录或漏项，每项扣0.5分，最多扣2分 4. （81.5±1）%状态性能参数未记录或漏项，每项扣0.5分，最多扣2分 5. MC→ZD加速性能参数未记录或漏项，每项扣0.5分，最多扣2分 6. 未按试车工步检查或漏项，每项扣0.5分，最多扣2分 7. 停车未检查余转时间，每项扣0.5分，最多扣2分	扣分值： 理由：	1. 随意更改试车步骤顺序，有错/漏项，每项扣0.5分，最多扣2分 2. 试车记录字迹不清楚、有涂改，每项扣0.5分，最多扣2分 3. 试车记录漏填、错填，每项扣0.5分，最多扣2分	扣分值： 理由：
收尾 （15分）	8	1. 工件署名，上交 2. 按工具清单清点工具 3. 清洁工作区域 4. 归还工具，耗材 5. 签署工卡	1. 未按规定检查发动机涡轮叶片、压气机叶片及滑油位，每项扣2分，最多扣6分 2. 未检查工具完好性，扣2分 3. 未按工具清单清点工具，扣2分 4. 未归还工具、耗材，扣2分 5. 工卡签署不规范、漏项，每项扣2分，最多扣6分	扣分值： 理由：	1. 工作场地有多余物，扣2分 2. 工作区域未清洁，扣3分	扣分值： 理由：
标准工时		90min	实际工时	1. 未在标准工时内完成扣2～10分 2. 每超5min扣2分，最多扣10分，不足5min按5min计算		扣分值： 理由：
项目分数			是否通过	是□ 否□	评估员签字： 年 月 日	

随手笔记

项目 4

检查和调整转速操纵盒凸轮协动转速

学习目标
★ 熟悉转速操纵盒的构造。
★ 掌握转速操纵盒凸轮（TQ、QD、DK、XK）协动转速技术要求。
★ 熟悉检查和调整发动机凸轮协动转速的主要工作、调整方法和注意事项。
★ 掌握转速操纵盒各凸轮协动转速故障。

学习路径
★ 通过学习信息单，掌握基本理论知识。
★ 通过完成任务单，在实践中巩固和升华理论知识。
★ 通过完成评估单，反馈学习中的不足和改进方向。
★ 通过课后训练，再学习、再提高。

学习资源
★ 校内一体化教室。
★ 视频、PPT、习题答案等。
★ 网络资源等。

学习任务
★ 检查和调整起动机脱开凸轮（TQ）协动转速。
★ 检查和调整起动断开凸轮（QD）协动转速。
★ 检查和调整喷口放大转换凸轮（DK）协动转速。
★ 检查和调整喷口缩小转换凸轮（XK）协动转速。

项目思维导图

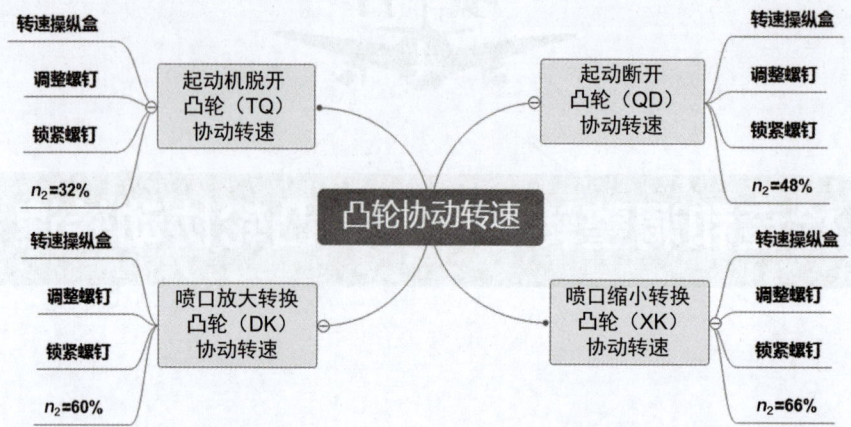

课程思政

中国航空发动机之父——吴大观

中国航空发动机之父——吴大观

吴大观，男，汉族，中共党员，1916年出生，江苏扬州人，原航空工业部科技委常委。吴大观被誉为"中国航空发动机之父"，是我国航空发动机事业的奠基人和创始人，曾留学美国，1947年毅然回国。1949年任重工业部航空筹备组组长。他创造了新中国多个"第一"：组建第一个航空发动机设计机构，领导研制第一个喷气发动机，创建第一个航空发动机试验基地，建立第一支航空发动机设计研制队伍。1991年，国务院授予吴大观"我国航空工程技术事业突出贡献专家"。2009年，吴大观被追授为"全国优秀共产党员"。同年，入选"100位新中国成立以来感动中国人物"。习近平总书记曾评价他"充分展示了中国共产党人的先进性"。

任务 4.1　检查和调整起动机脱开凸轮（TQ）协动转速

4.1.1　信息单

任务编号	4.1	任务名称	检查和调整起动机脱开凸轮（TQ）协动转速

1. 起动机脱开凸轮（TQ）的工作转速和功用

发动机起动时，当高压转速 $n_2 \geqslant 32^{+2}_{-1}\%$ 时，起动机脱开凸轮（TQ）电门接通，断开起动发电机，起动发电机由起动状态转入发电状态。

2. 构造及工作原理

（1）构造。转速操纵盒用来根据高压转子转速 n_2 的大小接通和断开起动系统、状态操纵系统的电路。转速操纵盒由轴、六个凸轮、六个微动电门、调整螺钉和插头等组成。它用快卸环安装在加力泵上，在飞机发动机右舱内。为了便于安装和调整六个凸轮，壳体的两侧各开有一个窗口，用可卸式盖板封闭。

（2）工作原理。六个凸轮固定在同一根轴上，由高压转子最大转速限制器的回输齿轮传动。凸轮转动的角度取决于 n_2 的大小。当 n_2 达到某一数值时，轴就对应转动到某一角度，使其中某一凸轮的凸起部分或凹陷部分接通或断开微动电门。

3. 常见故障及原因分析

起动机脱开凸轮（TQ）协动转速常见故障及原因分析见表4-1。

表4-1 起动机脱开凸轮（TQ）协动转速常见故障及原因分析

序号	故障现象	原因分析	排除方法
1	起动机脱开凸轮（TQ）协动转速小	发动机转速与起动机脱开凸轮（TQ）协动转速协调性不好，起动电机过早退出工作，发动机无法起动	外拧起动机脱开凸轮（TQ）协动转速调整螺钉 注意：因故障更换转速操纵盒或调整后，应重新检查发动机转速与凸轮协动转速的协调性，并重新起动发动机检查协动转速
2	起动机脱开凸轮（TQ）协动转速大	发动机转速与起动机脱开凸轮（TQ）协动转速协调性不好，起动电机过晚脱开，导致双速传动装置损坏	里拧起动机脱开凸轮（TQ）协动转速调整螺钉 注意：因故障更换转速操纵盒或调整后，应重新检查发动机转速与起动机脱开凸轮（TQ）协动转速的协调性，并重新起动发动机检查协动转速
3	发动机起动不起来	微动电门失效	更换微动电门或更换操纵盒 注意：更换后应重新检查协动转速并重新起动发动机检查起动

4. 检查和调整

（1）检查起动机脱开凸轮（TQ）协动转速。起动过程中检查起动机脱开凸轮（TQ）协动转速。当高压转子转速 n_2 达到 32^{+2}_{-1}% 时，电门断开起动机工作。

注意：若高压转子转速达到并超过 34% 时，应切断起动电源，断开起动机工作，防止损坏起动机传动装置。

起动前 TQ 信号灯为熄灭状态，当高压转子转速增高达到起动机脱开凸轮（TQ）协动转速 32^{+2}_{-1}% 时，TQ 信号灯点亮。记录 n_2 转子转速，此转速即为起动机脱开凸轮（TQ）协动转速。

（2）调整起动机脱开凸轮（TQ）协动转速。转速操纵盒如图 4-1 所示，拆下操纵盒盖上的固定螺钉，用扳手转动操纵盒小轴到相应的调整位置。

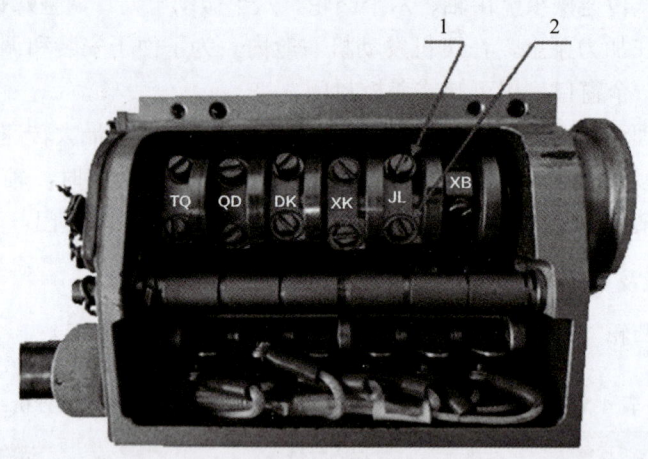

1—调整螺钉；2—锁紧螺钉

图 4-1 转速操纵盒

1）拆除凸轮锁紧螺钉与调整螺钉上的保险。

2）松开对应调整凸轮上的锁紧螺钉。

3）用调整螺钉调整起动机脱开凸轮（TQ）协动转速，里拧调整螺钉起动机脱开凸轮（TQ）协动转速减小，外拧则增大。

4）调整后锁紧锁紧螺钉（防止调整螺钉转动）。

5）用扳手旋转操纵盒小轴，使其达到调整前起始位置。

6）检查起动机脱开凸轮（TQ）协动转速调整情况。

①如调整了起动机脱开凸轮（TQ）协动转速，则需重新起动发动机，在起动过程中检查起动机脱开凸轮（TQ）协动转速。

②最终调整合格后，用保险丝将调整螺钉与锁紧螺钉保险。

③安装操纵盒盖子，进行保险并签字。

4.1.2 任务单

任务	检查和调整起动机脱开凸轮（TQ）协动转速			
机型	N/A		机号	
工作区域	发动机维修实训中心		版本	R0
工时	90min	开始时间		结束时间
完成签署/日期			检验签署/日期	
参考文件资料及标准	《发动机维修规程》			

续表

编写/修订		审核		批准	
日期		日期		日期	

类别	工具/设备/辅材				工作者	检查者
	名称	规格型号	单位	数量		
工具	秒表	通用	—	2		
	游标卡尺	0～125	mm	1		
	计算器	通用	—	2		
	手电	通用	—	1		
	尖嘴钳	150	mm	2		
	斜口钳	150	mm	2		
	自动保险钳	通用	—	1		
	一字螺丝刀	150	mm	1		
	一字螺丝刀	200	mm	1		
	套筒扳手	9	mm	1		
	套筒扳手	10	mm	1		
	套筒扳手	11	mm	1		
	组合扳手	4×4	mm	1		
	组合扳手	5×5	mm	1		
	组合扳手	9×9	mm	1		
	梅花扳手	14	mm	1		
	S梅花扳手	11×11	mm	1		
	开口扳手	9×11	mm	2		
	开口扳手	12×14	mm	2		
	开口扳手	14×17	mm	2		
	开口扳手	19×22	mm	2		
	开口扳手	30×32	mm	1		
	喷口直径测具	$M_{28}6360\phi-0001$	—	1		
	层板节流器卸具	M5×50	mm	1		
设备	发动机试车训练系统	—	台	2		
辅材	工作单	—	份	1		
	试车记录单	—	份	1		

类别	工具/设备/辅材				工作者	检查者
	名称	规格型号	单位	数量		
辅材	保险丝	$\phi0.8$、$\phi0.5$	mm	各1卷		
	擦布	—	块	2		
	签字笔	—	支	1		

续表

1. 工作准备	工作者	检查者
1. 开启计算机，进入试车界面 2. 在试车记录单上记录如下检查内容 （1）填写工作任务：_____ （2）检查发动机的安装及固定情况 （3）检查发动机压气机及涡轮叶片 （4）检查发动机滑油位：_____ L （5）清洁现场、清点工具		
2. 分析故障拟定调整方案	工作者	检查者
1. 故障现象：发动机起动时，起动机脱开凸轮（TQ）协动转速超过规定值上限 实测值为35%；规定值为32^{+2}_{-1}% 2. 故障分析与调整 （1）在加力燃油泵上调整：转速_____ （2）调整转速操纵盒凸轮_____协动转速 （3）依据调整变化量计算出所需调整量 调整方向：_____拧；调整量：_____圈 **注意**：起动机脱开凸轮（TQ）调整螺钉里拧一圈 n_2 转速减小约 3.6%		
3. 实施调整	工作者	检查者
1. 在转速操纵盒上调整（图 4-1） （1）按规定要求拆除转速操纵盒盖盖固定螺钉上的保险并取下盖子 （2）用开口扳手（5mm）转动操纵盒小轴，使凸轮达到可调整的位置 （3）按规定要求拆除调整螺钉与锁紧螺钉上的保险 （4）松开锁紧螺钉 1.5～2 圈 （5）按照调整方案实施调整 （6）拧紧锁紧螺钉 （7）清洁现场、清点工具 2. 在试车界面上调整 （1）单击"转速调整" （2）弹出"调整界面"对话框，单击"TQ/QD 协动转速调整" （3）调整起动机脱开凸轮（TQ） 调整方向：_____拧；调整量：_____圈；单击"确定"按钮		
4. 起动发动机检查调整结果	工作者	检查者
1. 起动准备工作 （1）选择试车步骤：自动起动 （2）接通：总电源、控制电源 （3）接通：起发吹风、起动燃油、起动补油、大流量、整流器 （4）起动转换开关转置：整流器		

续表

4. 起动发动机检查调整结果	工作者	检查者
（5）油封转换开关置于：起动 （6）油门手柄置于：慢车 （7）依次按下："电铃""起动"按钮，发动机起动		

2．试车程序

序号	工作状态	时间、次数	工作内容	限制
1	自动起动 （检查凸轮 协动转速）		1. 发动机起动 2. 到达慢车转速后记录以下参数 （1）滑油压力出现的时间 （2）起动机脱开凸轮（TQ）协动转速 （3）起动断开凸轮（QD）协动转速 （4）左放气活门关闭转速： （5）右放气活门关闭转速： （6）起动到慢车转速的时间 （7）涡轮后排气温度 t_4 急增最高峰值 注意：①起动过程中检查起动机脱开凸轮（TQ）协动转速；②起动排气温度不允许超过规定值	不大于20s $n_2= 32^{+2}_{-1}$% $n_2=（48±2）$% $n_2=47.5$% $n_2=47.5$% 不大于55s 排气温度不高于700℃
2	MC （慢车）	2min	发动机加温 1. 检查调整"慢车"转速的调整情况 2. 记录参数 （1）低压转子转速 （2）高压转子转速 （3）滑油压力 （4）涡轮后排气温度 t_4 （5）慢车副油路压力	 实测值 实测值 不小于0.098MPa 实测值 （2.06±0.1）MPa
3	（81.5±1）%	2min	1. 发动机加温 2. 记录参数 （1）低压转子转速 （2）高压转子转速 （3）滑油压力 （4）副油路压力 （5）涡轮后排气温度 t_4	 实测值 实测值 不小于0.343MPa 实测值 实测值
4	MC → ZD 加速性	检查两次	1. 单击试车步骤"MC → ZD" 2. 以1.5～2.0s迅速推油门手柄到最大状态（64°～72°），检查发动机加速性 3. 记录参数 （1）低压转子转速 $n_1=99$%的时间 （2）低压转子转速急增最高值 （3）涡轮后排气温度 t_4 急增最高峰值	 按曲线求出 n_1 不大于101.5% 排气温度不高于800℃

续表

序号	工作状态	时间、次数	工作内容	限制	
5	(81.5±1)%	2min	1. 发动机冷却 2. 记录参数 （1）低压转子转速 （2）高压转子转速 （3）滑油压力 （4）副油路压力 （5）涡轮后排气温度 t_4		
6	MC（慢车）	2min	1. 记录参数 （1）低压转子转速 （2）高压转子转速 （3）滑油压力 （4）副油路压力 （5）涡轮后排气温度 t_4 2. 单击试车步骤"停车"	不小于 0.098MPa 实测值	
7	停车		1. 油门手柄收到停车位置发动机停车 2. 记录参数 （1）低压转子转速惯性时间 _____ s （2）高压转子转速惯性时间 _____ s	不小于 150s 不小于 35s	
8			试车结论：_____		
5. 结束工作				工作者	检查者
1. 用 ϕ0.5mm 保险丝将起动机脱开凸轮（TQ）调整螺钉与锁紧螺钉进行保险 2. 安装转速操纵盒盖子，拧紧固定螺钉 3. 清洁工作现场、清点工具					

4.1.3 评估单

实操任务：检查和调整起动机脱开凸轮（TQ）协动转速			实训评估单号：任务一		配套实训工卡号：任务一	
姓名		班级		学号		
工作步骤			评分要素			
			基本技能		维修作风	
准备 （15分）	1	工具/设备/材料等准备 1. 工具借用准备 2. 按工具清单清点工具/设备/材料 3. 量具有效性检查 4. 试车记录单填写并签字 5. 开启计算机进入试车界面	1. 工具准备不到位，扣2分 2. 工具未清点，扣2分 3. 量具未检查有效性，扣2分 4. 试车记录单未填写并签字，扣2分 5. 未开启计算机进入试车界面，扣1分	扣分值： 理由：	1. 工具摆放不规范，扣2分 2. 未按工具单清点工具，扣2分 3. 安全防护佩戴或使用不规范，扣1分 4. 有损伤工具设备的行为，扣1分	扣分值： 理由：

续表

工作步骤			评分要素			
			基本技能		维修作风	
准备 (15分)	2	安全准备 1. 佩戴个人安全防护 2. 设备安全使用注意事项已阅读 3. 与相关人员的安全沟通已执行				
分析故障 制定方案 (8分)	3	1. 明确工作任务 2. 了解故障现象 3. 分析故障 4. 制定排除方案 5. 调整螺钉调整方向 6. 调整螺钉调整量 7. 明确调整部位	1. 不清楚工作任务，扣2分 2. 不了解故障的性质，扣2分 3. 不了解故障产生的原因，扣2分 4. 方案制定错误、方案不合理，每项扣2分，最多扣6分 5. 不清楚调整位置、错误选择调整位置，每项扣2分，最多扣6分	扣分值： 理由：	1. 故障排除方案未填写完整准确，每漏1项扣2分，最多扣8分 2. 未做发动机起动机未脱开应急预案，扣5分	扣分值： 理由：
发动机 调整 (22分)	4	1. 选择使用调整工具 2. 拆除调整部位上的保险 3. 调整时的规范性 4. 调整部位锁紧 5. 完工后清点工具	1. 选择工具不合理、使用不正确，每项扣3分 2. 调整螺钉的调整量超出规定值，扣3分 3. 调整螺钉的调整方向错误，扣3分 4. 拆除保险未整根拆除、强行拆除，每项扣3分，最多扣9分 5. 调整时未松开锁紧螺钉，扣3分 6. 调整位置保险错误、保险路线不合理，每项扣2分 7. 拉紧角度不够、编花密度过紧或过松，每项扣2分	扣分值： 理由：	1. 工具摆放混乱，扣2分 2. 强行拆除保险丝，扣2分 3. 保险丝未整根拆除，扣2分 4. 工具、零件落地，扣2分 5. 调整后未清扫整理工作现场，扣2分 6. 调整操作不规范，扣2分 7. 完工未清点工具，扣2分 8. 工作后未签字，扣2分	扣分值： 理由：
试车准备 (5分)	5	1. 识读工卡 2. 检查压气机、涡轮叶片 3. 检查发动机安装固定情况 4. 检查发动机滑油位 5. 签字确认所做工作	1. 未阅读工卡，扣1分 2. 未检查压气机、涡轮叶片，每项扣1分，最多扣4分 3. 未检查发动机安装固定情况，每项扣1分，最多扣4分 4. 未检查发动机滑油位，每项扣1分，最多扣3分 5. 所做工作未签字，每项扣1分，最多扣3分	扣分值： 理由：	1. 发动机状态未检查到位，每漏1项扣1分，最多扣5分 2. 工卡未准备到位，扣5分	扣分值： 理由：

续表

工作步骤			评分要素			
			基本技能		维修作风	
试车检验 （30分）	6	1. 发动机起动 2. 检查"慢车"状态性能参数 3. 检查（81.5±1)%状态性能参数 4. 检查MC→ZD加速性 5. 检查发动机停车	1. 未检查记录起动过程参数，每项扣2分，最多扣8分 2. 未检查记录"慢车"状态参数，每项扣2分，最多扣8分 3. 未检查记录（81.5±1)%状态参数，每项扣2分，最多扣8分 4. 未检查MC→ZD加速性，每项扣2分，最多扣8分 5. 未检查记录（81.5±1)%状态参数，每项扣2分，最多扣8分 6. 未检查发动机停车余转，每项扣2分，最多扣4分	扣分值： 理由：	1. 未按操作规程操作发动机试车，每项扣3分，最多扣10分 2. 操作发动机试车时注意力不集中，不注意观察试车数据，每项扣3分，最多扣10分 3. 操作发动机试车油门手柄动作过大，有碰撞等现象，每项扣3分，最多扣10分	扣分值： 理由：
质量记录 （5分）	7	1. 检查试车记录单 2. 检查发动机起动 3. 发动机预热 4. 检查发动机参数 5. 发动机冷却 6. 检查发动机试车其他工步	1. 试车记录单填写不规范，有错/漏项，每项扣0.5分，最多扣2分 2. 起动参数未检查、未记录，每项扣0.5分，最多扣2分 3. "慢车"状态性能参数未记录或漏项，每项扣0.5分，最多扣2分 4. （81.5±1)%状态性能参数未记录或漏项，每项扣0.5分，最多扣2分 5. MC→ZD加速性能参数未记录或漏项，每项扣0.5分，最多扣2分 6. 未按试车工步检查或漏项，每项扣0.5分，最多扣2分 7. 停车未检查余转时间，每项扣0.5分，最多扣2分	扣分值： 理由：	1. 随意更改试车步骤顺序，有错/漏项，每项扣0.5分，最多扣2分 2. 试车记录字迹不清楚、有涂改，每项扣0.5分，最多扣2分 3. 试车记录漏填、错填，每项扣0.5分，最多扣2分	扣分值： 理由：
收尾 （15分）	8	1. 工件署名，上交 2. 按工具清单清点工具 3. 清洁工作区域 4. 归还工具、耗材 5. 签署工卡	1. 未按规定检查发动机涡轮叶片、压气机叶片及滑油位，每项扣2分，最多扣6分 2. 未检查工具完好性，扣2分	扣分值： 理由：	1. 工作场地有多余物，扣2分 2. 工作区域未清洁，扣3分	扣分值： 理由：

续表

工作步骤			评分要素	
			基本技能	维修作风
收尾 （15分）	8		3. 未按工具清单清点工具，扣2分 4. 未归还工具、耗材，扣2分 5. 工卡签署不规范、漏项，每项扣2分，最多扣6分	
标准工时	90min	实际工时	1. 未在标准工时内完成扣2～10分 2. 每超5min扣2分，最多扣10分，不足5min按5min计算	扣分值： 理由：
项目分数		是否通过	是□　否□	评估员签字：　　　　年　月　日

任务 4.2　检查和调整起动断开凸轮（QD）协动转速

4.2.1　信息单

任务编号	4.2	任务名称	检查和调整起动断开凸轮（QD）协动转速

1. 起动断开凸轮（QD）的工作转速和功用

发动机起动时，当高压转子转速 $n_2 \geqslant (48\pm2)\%$ 时，起动断开凸轮（QD）电门断开，使起动补油电磁活门 RDF-9 和主燃烧室点火线圈断电，停止起动补油和结束起动电嘴 SDZ-2B 第二次获能锻炼。

2. 常见故障及原因分析

起动断开凸轮（QD）协动转速常见故障及原因分析见表 4-2。

表 4-2　起动断开凸轮（QD）协动转速常见故障及原因分析

序号	故障现象	原因分析	排除方法
1	起动断开凸轮（QD）协动转速大，转速进入"慢车"后点火线圈、补油活门仍继续工作	发动机转速与起动断开凸轮（QD）协动转速协调性不好	里拧起动断开凸轮（QD）协动转速调整螺钉 注意：因故障更换转速操纵盒或调整后，应重新检查发动机转速与起动断开凸轮（QD）协动转速的协调性，并重新起动发动机检查协动转速

续表

序号	故障现象	原因分析	排除方法
2	起动断开凸轮（QD）协动转速小，发动机起动不起来	协动转速过小，起动点火线圈、补油和起动电磁活门过早停止工作，导致发动机起动不成功	外拧起动断开凸轮（QD）协动转速调整螺钉 注意：因故障更换转速操纵盒或调整后，应重新检查发动机转速与起动断开凸轮（QD）协动转速的协调性，并重新起动发动机检查协动转速
3	发动机起动不起来	微动电门失效	更换微动电门或更换操纵盒 注意：更换后应重新检查协动转速并重新起动发动机检查起动

3. 检查和调整

（1）检查起动断开凸轮（QD）协动转速。起动过程中检查起动断开凸轮（QD）协动转速。当高压转子转速 n_2 达到规定的48%时，起动系统断开点火装置的供油及点火，断开主燃烧室补油，发动机进入"慢车"状态。

起动时 QD 信号灯为点亮状态，高压转子转速达到起动断开凸轮（QD）协动转速（48±2）%时，QD 信号灯熄灭。记录 n_2 转子转速，此转速即为起动断开凸轮（QD）协动转速。

（2）调整起动断开凸轮（QD）协动转速。转速操纵盒如图 4-1 所示，拆下操纵盒盖上的固定螺钉，用扳手转动操纵盒小轴到相应的调整位置。

1）拆除凸轮锁紧螺钉与调整螺钉上的保险。

2）松开对应调整凸轮上的锁紧螺钉。

3）用调整螺钉调整起动断开凸轮（QD）协动转速，里拧调整螺钉起动断开凸轮（QD）协动转速减小，外拧则增大。

4）调整后锁紧锁紧螺钉（防止调整螺钉转动）。

5）用扳手旋转操纵盒小轴，使其达到调整前起始位置。

6）检查起动断开凸轮（QD）协动转速调整情况。

①如调整了起动断开凸轮（QD）协动转速，则需重新起动发动机，在起动过程中检查起动断开凸轮（QD）协动转速。

②最终调整合格后，用保险丝将调整螺钉与锁紧螺钉保险。

③安装操纵盒盖子，进行保险并签字。

4.2.2 任务单

任务		检查和调整起动断开凸轮（QD）协动转速					
机型		N/A		机号			
工作区域		发动机维修实训中心		版本		R0	
工时		90min		开始时间		结束时间	
完成签署/日期				检验签署/日期			
参考文件资料及标准		《发动机维修规程》					
编写/修订			审核			批准	
日期			日期			日期	

	工具/设备/辅材						
类别	名称	规格型号	单位	数量		工作者	检查者
工具	秒表	通用	—	2			
	游标卡尺	0～125	mm	1			
	计算器	通用	—	2			
	手电	通用	—	1			
	尖嘴钳	150	mm	2			
	斜口钳	150	mm	2			
	自动保险钳	通用	—	1			
	一字螺丝刀	150	mm	1			
	一字螺丝刀	200	mm	1			
	套筒扳手	9	mm	1			
	套筒扳手	10	mm	1			
	套筒扳手	11	mm	1			
	组合扳手	4×4	mm	1			
	组合扳手	5×5	mm	1			
	组合扳手	9×9	mm	1			
	梅花扳手	14	mm	1			
	S梅花扳手	11×11	mm	1			
	开口扳手	9×11	mm	2			
	开口扳手	12×14	mm	2			
	开口扳手	14×17	mm	2			
	开口扳手	19×22	mm	2			
	开口扳手	30×32	mm	1			
	喷口直径测具	$M_{28}6360\phi-0001$	—	1			
	层板节流器卸具	M5×50	mm	1			
设备	发动拟试车训练系统	—	台	2			
辅材	工作单	—	份	1			
	试车记录单	—	份	1			

续表

工具 / 设备 / 辅材					工作者	检查者
类别	名称	规格型号	单位	数量		
辅材	保险丝	$\phi0.8$、$\phi0.5$	mm	各 1 卷		
	擦布	—	块	1		
	签字笔	—	支	1		
1. 工作准备					工作者	检查者
1. 开启计算机，进入试车界面 2. 在试车记录单上记录如下检查内容 （1）填写工作任务：_____ （2）检查发动机的安装及固定情况 （3）检查发动机压气机及涡轮叶片 （4）检查发动机滑油位：_____ L （5）清洁现场、清点工具						
2. 分析故障拟定调整方案					工作者	检查者
1. 故障现象：发动机起动断开凸轮（QD）协动转速大于规定值 实测值为 51%；规定值为（48±2）% 2. 故障分析与调整 （1）在加力燃油泵上调整：转速 _____ （2）调整转速操纵盒凸轮 _____ 协动转速 （3）依据调整变化量计算出所需调整量 调整方向：_____ 拧；调整量：_____ 圈 注意：起动断开凸轮（QD）调整螺钉里拧一圈 n_2 转速减小约 3.6%						
3. 实施调整					工作者	检查者
1. 在转速操纵盒上调整（见图 4-1） （1）按规定要求拆除转速操纵盒盖固定螺钉上的保险并取下盖子 （2）用开口扳手（5mm）转动操纵盒小轴，使凸轮达到可调整的位置 （3）按规定要求拆除调整螺钉与锁紧螺钉上的保险， （4）松开锁紧螺钉 1.5～2 圈 （5）按照调整方案实施调整 （6）拧紧锁紧螺钉 （7）清洁现场、清点工具 2. 在试车界面上调整 （1）单击"转速调整" （2）弹出"调整界面"对话框，单击"TQ/QD 协动转速调整"						

续表

3. 实施调整	工作者	检查者
（3）调整起动断开凸轮（QD）		
调整方向：_____拧；调整量：_____圈；单击"确定"按钮		
4. 起动发动机检查调整结果	工作者	检查者

1．起动准备工作

（1）选择试车步骤：自动起动

（2）接通：总电源、控制电源

（3）接通：起发吹风、起动燃油、起动补油、大流量、整流器

（4）起动转换开关转置：整流器

（5）油封转换开关置于：起动

（6）油门手柄置于：慢车

（7）依次按下："电铃""起动"按钮，发动机起动

2．试车程序

序号	工作状态	时间、次数	工作内容	限制
1	自动起动（检查凸轮协动转速）		1．发动机起动 2．到达慢车转速后记录以下参数 （1）滑油压力出现的时间 （2）起动机脱开凸轮（TQ）协动转速 （3）起动断开凸轮（QD）协动转速 （4）左放气活门关闭转速 （5）右放气活门关闭转速 （6）起动到慢车转速的时间 （7）涡轮后排气温度 t_4 急增最高峰值 注意：①起动过程中检查起动断开凸轮（QD）协动转速；②起动排气温度不允许超过规定值	不大于20s $n_2=32^{+2}_{-1}$% $n_2=(48\pm2)$% $n_2=47_{-5}$% $n_2=47_{-5}$% 不大于55s 排气温度不高于700℃
2	MC（慢车）	2min	1．发动机加温 2．记录参数 （1）低压转子转速 （2）高压转子转速 （3）滑油压力 （4）涡轮后排气温度 t_4 （5）慢车副油路压力	实测值 实测值 不小于0.098MPa 实测值 (2.06 ± 0.1)MPa
3	(81.5 ± 1)%	2min	1．发动机加温 2．记录参数 （1）低压转子转速	实测值

续表

序号	工作状态	时间、次数	工作内容	限制	
3	(81.5±1)%	2min	(2) 高压转子转速 (3) 滑油压力 (4) 副油路压力 (5) 涡轮后排气温度 t_4	实测值 不小于 0.343MPa 实测值	
4	MC → ZD 加速性	检查两次	1. 以 1.5~2.0s 迅速推油门手柄到最大状态(64°~72°),检查发动机加速性 2. 记录参数 (1) 低压转子转速 n_1=99% 的时间 (2) 低压转子转速急增最高值 (3) 涡轮后排气温度 t_4 急增最高峰值	按曲线求出 n_1 不大于 101.5% 排气温度不高于 800℃	
5	(81.5±1)%	2min	1. 发动机冷却 2. 记录参数 (1) 低压转子转速 (2) 高压转子转速 (3) 滑油压力 (4) 副油路压力 (5) 涡轮后排气温度 t_4	 实测值 实测值	
6	MC (慢车)	2min	1. 发动机冷却 2. 记录参数 (1) 低压转子转速 (2) 高压转子转速 (3) 滑油压力 (4) 副油路压力 (5) 涡轮后排气温度 t_4 3. 单击试车步骤"停车"	 不小于 0.098MPa 实测值	
7	停车		1. 油门手柄收到"停车"位置,发动机停车 2. 记录参数 (1) 低压转子转速惯性时间_____s (2) 高压转子转速惯性时间_____s	不小于 150s 不小于 35s	
8			试车结论:_____		
5. 结束工作				工作者	检查者
1. 用 ϕ0.5mm 保险丝将起动断开凸轮(QD)调整螺钉与锁紧螺钉进行保险 2. 安装转速操纵盒盖子,拧紧固定螺钉 3. 清洁现场、清点工具					

4.2.3 评估单

实操任务：检查和调整起动断开凸轮（QD）协动转速			实训评估单号：任务二		配套实训工卡号：任务二	
姓名		班级		学号		
工作步骤			评分要素			
			基本技能		维修作风	
准备 （15分）	1	工具/设备/材料等准备 1. 工具借用准备 2. 按工具清单清点工具/设备/材料 3. 量具有效性检查 4. 试车记录单填写并签字 5. 开启计算机进入试车界面	1. 工具准备不到位，扣2分 2. 工具未清点，扣2分 3. 量具未检查有效性，扣2分 4. 试车记录单未填写并签字，扣2分 5. 未开启计算机进入试车界面，扣1分	扣分值： 理由：	1. 工具摆放不规范，扣2分 2. 未按工具单清点工具，扣2分 3. 安全防护佩戴或使用不规范，扣1分 4. 有损伤工具设备的行为，扣1分	扣分值： 理由：
	2	安全准备 1. 佩戴个人安全防护 2. 设备安全使用注意事项已阅读 3. 与相关人员的安全沟通已执行				
分析故障制定方案 （8分）	3	1. 明确工作任务 2. 了解故障现象 3. 分析故障 4. 制定排除方案 5. 调整螺钉调整方向 6. 调整螺钉调整量 7. 明确调整部位	1. 不清楚工作任务，扣2分 2. 不了解故障的性质，扣2分 3. 不了解故障产生的原因，扣2分 4. 方案制定错误、方案不合理，每项扣2分，最多扣6分 5. 不清楚调整位置、错误选择调整位置，每项扣2分，最多扣6分	扣分值： 理由：	1. 故障排除方案未填写完整准确，每漏1项扣2分，最多扣8分 2. 未做发动机起动机未断开应急预案，扣5分	扣分值： 理由：
发动机调整 （22分）	4	1. 选择使用调整工具 2. 拆除调整部位上的保险 3. 调整时的规范性 4. 调整部位锁紧 5. 完工后清点工具	1. 选择工具不合理、使用不正确，每项扣3分 2. 调整螺钉的调整量超出规定值，扣3分 3. 调整螺钉的调整方向错误，扣3分 4. 拆除保险未整根拆除、强行拆除，每项扣3分，最多扣9分	扣分值： 理由：	1. 工具摆放混乱，扣2分 2. 强行拆除保险丝，扣2分 3. 保险丝未整根拆除，扣2分 4. 工具、零件落地，扣2分	扣分值： 理由：

续表

工作步骤			评分要素			
			基本技能		维修作风	
发动机调整（22分）	4		5. 调整时未松开锁紧螺钉，扣3分 6. 调整位置保险错误、保险路线不合理，每项扣2分 7. 拉紧角度不够、编花密度过紧或过松，每项扣2分		5. 调整后未清扫整理工作现场，扣2分 6. 调整操作不规范，扣2分 7. 完工未清点工具，扣2分 8. 工作后未签字，扣2分	
试车准备（5分）	5	1. 识读工卡 2. 检查压气机、涡轮叶片 3. 检查发动机安装固定情况 4. 检查发动机滑油位 5. 签字确认所做工作	1. 未阅读工卡和不熟悉工卡内容，扣1分 2. 未检查压气机、涡轮叶片，每项扣1分，最多扣4分 3. 未检查发动机安装固定情况，每项扣1分，最多扣4分 4. 未检查发动机滑油位，每项扣1分，最多扣3分 5. 所做工作未签字，每项扣1分，最多扣3分	扣分值： 理由：	1. 发动机状态未检查到位，每漏1项扣1分，最多扣5分 2. 工卡未准备到位，扣5分	扣分值： 理由：
试车检验（30分）	6	1. 发动机起动 2. 检查"慢车"状态性能参数 3. 检查（81.5±1）%状态性能参数 4. 检查MC→ZD加速性 5. 发动机冷却 6. 检查发动机停车	1. 起动过程中不注意观察仪表参数、手未持住油门手柄，每项扣2分 2. 未检查记录起动过程参数，每项扣2分，最多扣8分 3. 未检查记录"慢车"状态参数，每项扣2分，最多扣8分 4. 未检查记录(81.5±1)%状态参数，每项扣2分，最多扣8分 5. 未检查MC→ZD加速性，每项扣2分，最多扣8分 6. 未检查记录(81.5±1)%状态参数，每项扣2分，最多扣8分 7. 未检查发动机停车余转，每项扣2分，最多扣4分	扣分值： 理由：	1. 未按操作规程操作发动机试车，每项扣3分，最多扣10分 2. 操作发动机试车时注意力不集中，不注意观察试车数据，每项扣3分，最多扣10分 3. 操作发动机试车油门手柄动作过大，有碰撞等现象，每项扣3分，最多扣10分	扣分值： 理由：

续表

工作步骤			评分要素			
			基本技能		维修作风	
质量记录 （5分）	7	1. 检查试车记录单 2. 检查发动机起动 3. 发动机预热 4. 检查发动机参数 5. 发动机冷却 6. 检查发动机试车其他工步	1. 试车记录单填写不规范，有错/漏项，每项扣0.5分，最多扣2分 2. 起动参数未检查、未记录，每项扣0.5分，最多扣2分 3. "慢车"状态性能参数未记录或漏项，每项扣0.5分，最多扣2分 4. （81.5±1）%状态性能参数未记录或漏项，每项扣0.5分，最多扣2分 5. MC→ZD加速性能参数未记录或漏项，每项扣0.5分，最多扣2分 6. 未按试车工步检查或漏项，每项扣0.5分，最多扣2分 7. 停车未检查余转时间，每项扣0.5分，最多扣2分	扣分值： 理由：	1. 随意更改试车步骤顺序，有错/漏项，每项扣0.5分，最多扣2分 2. 试车记录字迹不清楚、有涂改，每项扣0.5分，最多扣2分 3. 试车记录漏填、错填，每项扣0.5分，最多扣2分	扣分值： 理由：
收尾 （15分）	8	1. 工件署名，上交 2. 按工具清单清点工具 3. 清洁工作区域 4. 归还工具、耗材 5. 签署工卡	1. 未按规定检查发动机涡轮叶片、压气机叶片及滑油位，每项扣2分，最多扣6分 2. 未检查工具完好性，扣2分 3. 未按工具清单清点工具，扣2分 4. 未归还工具、耗材，扣2分 5. 工卡签署不规范、漏项，每项扣2分，最多扣6分	扣分值： 理由：	1. 工作场地有多余物，扣2分 2. 工作区域未清洁，扣3分	扣分值： 理由：
标准工时		90min	实际工时	1. 未在标准工时内完成扣2~10分 2. 每超5min扣2分，最多扣10分，不足5min按5min计算	扣分值： 理由：	
项目分数			是否通过	是□　否□	评估员签字：　　　　年　月　日	

任务 4.3　检查和调整喷口放大转换凸轮（DK）协动转速

4.3.1　信息单

| 任务编号 | 4.3 | 任务名称 | 检查和调整喷口放大转换凸轮（DK）协动转速 |

1. 喷口放大转换凸轮（DK）的工作转速和功用

当高压转子转速 $n_2 \leqslant 60^{+1}_{-2}$ % 时，喷口放大转换凸轮（DK）电门断开，使喷口直径由"最大"状态位置放大到"全加力"状态位置。

2. 检查和调整

（1）检查喷口放大转换凸轮（DK）协动转速。在喷口缩小转换凸轮（XK）协动转动时（小喷口位置）检查喷口放大转换凸轮（DK）协动转速。缓慢收油门手柄，当高压转子转速减小到喷口放大转换凸轮（DK）协动转速 60^{+1}_{-2} % 时，XK、DK 和 XB 信号灯同时熄灭。记录高压转子转速，此转速即为喷口放大转换凸轮（DK）协动转速，同时喷口由"最大"状态位置（小喷口）转换到"全加力"状态位置（大喷口）。

（2）调整喷口放大转换凸轮（DK）协动转速。转速操纵盒如图 4-1 所示，拆下操纵盒盖上的固定螺钉，用扳手转动操纵盒小轴到相应的调整位置。

1）拆除凸轮锁紧螺钉与调整螺钉上的保险。
2）松开对应调整凸轮上的锁紧螺钉。
3）用调整螺钉调整喷口放大转换凸轮（DK）协动转速，里拧调整螺钉喷口放大转换凸轮（DK）协动转速减小，外拧则增大。
4）调整后锁紧锁紧螺钉（防止调整螺钉转动）。
5）用扳手旋转操纵盒小轴，使其达到调整前起始位置。
6）检查喷口放大转换凸轮（DK）协动转速调整情况。
①最终调整合格后，用保险丝将调整螺钉与锁紧螺钉保险。
②安装操纵盒盖子，进行保险并签字。

4.3.2　任务单

任务	检查和调整喷口放大转换凸轮（DK）协动转速		
机型	N/A	机号	
工作区域	发动机维修实训中心	版本	R0
工时	90min	开始时间		结束时间	
完成签署/日期		检验签署/日期	
参考文件资料及标准	《发动机维修规程》		

续表

编写/修订		审核		批准	
日期		日期		日期	

工具/设备/辅材					工作者	检查者
类别	名称	规格型号	单位	数量		
工具	秒表	通用	—	4		
	游标卡尺	0～125	mm	1		
	计算器	通用	—	2		
	手电	通用	—	1		
	尖嘴钳	150	mm	2		
	斜口钳	150	mm	2		
	自动保险钳	通用	—	1		
	一字螺丝刀	150	mm	1		
	一字螺丝刀	200	mm	1		
	套筒扳手	9	mm	1		
	套筒扳手	10	mm	1		
	套筒扳手	11	mm	1		
	组合扳手	4×4	mm	1		
	组合扳手	5×5	mm	1		
	组合扳手	9×9	mm	1		
	梅花扳手	14	mm	1		
	S梅花扳手	11×11	mm	1		
	开口扳手	9×11	mm	2		
	开口扳手	12×14	mm	2		
	开口扳手	14×17	mm	2		
	开口扳手	19×22	mm	2		
	开口扳手	30×32	mm	1		
	喷口直径测具	$M_{28}6360\phi-0001$	—	1		
	层板节流器卸具	M5×50	mm	1		
设备	发动机试车训练系统	—	台	2		
辅材	工作单	—	份	1		
	试车记录单	—	份	1		
	保险丝	$\phi0.8$、$\phi0.5$	mm	各1卷		
	擦布	—	块	1		
	签字笔	—	支	1		
1. 工作准备					工作者	检查者

1. 开启计算机，进入试车界面
2. 在试车记录单上记录如下检查内容
（1）填写工作任务：_____

续表

1. 工作准备	工作者	检查者
（2）检查发动机的安装及固定情况 （3）检查发动机压气机及涡轮叶片 （4）检查发动机滑油位：_____ L （5）清洁现场、清点工具		
2. 分析故障拟定调整方案	工作者	检查者
1. 故障现象：喷口放大转换凸轮（DK）协动转速大于规定值 实测值为62%；规定值为60^{+1}_{-2}% 2. 故障分析与调整 （1）在加力燃油泵上调整：转速 _____ （2）调整转速操纵盒凸轮 _____ 协动转速 （3）依据调整变化量计算出所需调整量： 调整方向：_____ 拧；调整量：_____ 圈 注意：喷口放大转换凸轮（DK）调整螺钉里拧一圈 n_2 转速减小约 3.6%		
3. 实施调整	工作者	检查者
1. 在转速操纵盒上调整 （1）按规定要求拆除转速操纵盒盖固定螺钉上的保险并取下盖子 （2）用开口扳手（5mm）转动操纵盒小轴，使凸轮达到可调整的位置 （3）按规定要求拆除调整螺钉与锁紧螺钉上的保险 （4）松开锁紧螺钉 1.5～2 圈 （5）按照调整方案实施调整 （6）拧紧锁紧螺钉 （7）清洁现场、清点工具 2. 在试车界面上调整 （1）单击"转速调整" （2）弹出"调整界面"对话框，单击"DK/XK/XB 协动转速调整" （3）调整喷口放大转换凸轮（DK） 调整方向：_____ 拧；调整量：_____ 圈；单击"确定"按钮		
4. 起动发动机检查调整结果	工作者	检查者
1. 起动准备工作 （1）选择试车步骤：自动起动 （2）接通：总电源、控制电源 （3）接通：起发吹风、起动燃油、起动补油、大流量、整流器 （4）起动转换开关转置：整流器		

续表

4. 起动发动机检查调整结果				工作者	检查者
（5）油封转换开关置于：起动					
（6）油门手柄置于：慢车					
（7）依次按下："电铃""起动"按钮，发动机起动					

2. 试车程序

序号	工作状态	时间、次数	工作内容	限制
1	自动起动		1. 发动机起动 2. 到达慢车转速后记录以下参数： （1）滑油压力出现的时间 （2）起动机脱开凸轮（TQ）协动转速 （3）起动断开凸轮（QD）协动转速 （4）左放气活门关闭转速： （5）右放气活门关闭转速 （6）起动到慢车转速的时间 （7）涡轮后排气温度 t_4 急增最高峰值 注意：起动排气温度不允许超过规定值	不大于20s $n_2 = 32^{+2}_{-1}$% $n_2 = (48 \pm 2)$% $n_2 = 47_{-5}$% $n_2 = 47_{-5}$% 不大于55s 排气温度不高于700℃
2	MC （慢车）	2min	1. 发动机加温 2. 记录参数 （1）低压转子转速 （2）高压转子转速 （3）滑油压力 （4）涡轮后排气温度 t_4 （5）慢车副油路压力	实测值 实测值 不小于0.098MPa 实测值 （2.06±0.1）MPa
3	（81.5±1）%	2min	1. 发动机加温 2. 记录参数 （1）低压转子转速 （2）高压转子转速 （3）滑油压力 （4）副油路压力 （5）涡轮后排气温度 t_4	实测值 实测值 不小于0.343MPa 实测值
4	检查喷口放大转换凸轮（DK）协动转速	最少必须时间	1. 单击试车步骤"DK－XK－XB" 2. 缓慢收小油门手柄，当高压转子转速减小到 $n_2 = 60^{+1}_{-5}$%凸轮DK协动时，XK、DK和XB信号灯同时熄灭，喷口由"最大"状态位置转换到"全加力"状态位置（喷	

续表

序号	工作状态	时间、次数	工作内容	限制	
4	检查喷口放大转换凸轮（DK）协动转速	最少必须时间	口为最大直径） 3. 此时，喷口放大信号灯点亮，高压转子转速 n_2 转速应符合规定 **注意**：检查喷口放大转换凸轮（DK）协动转速调整情况	规定：$n_2 = 60^{+1}_{-2}\%$	
5	MC → ZD 加速性	检查一次	1. 单击试车步骤"MC → ZD" 2. 以 1.5～2.0s 迅速推油门手柄到最大状态，检查发动机加速性 3. 记录参数： （1）低压转子转速 $n_1=99\%$ 的时间 （2）低压转子转速急增最高值 （3）涡轮后排气温度 t_4 急增最高峰值	按曲线求出 不大于 101.5% 排气温度不高于 800℃	
6	(81.5±1)%	2min	1. 发动机冷却 2. 记录参数 （1）低压转子转速 （2）高压转子转速 （3）滑油压力 （4）副油路压力 （5）涡轮后排气温度 t_4	不小于 0.098MPa 实测值	
7	MC（慢车）	2min	1. 发动机冷却 2. 记录参数 （1）低压转子转速 （2）高压转子转速 （3）滑油压力 （4）副油路压力 （5）涡轮后排气温度 t_4 3. 单击试车步骤"停车"	不小于 0.098MPa 实测值	
8	停车		1. 油门手柄收到"停车"位置，发动机停车 2. 记录参数 （1）低压转子转速惯性时间 _____ s （2）高压转子转速惯性时间 _____ s	不小于 150s 不小于 35s	
9			试车结论：		
		5. 结束工作		工作者	检查者
1. 用 ϕ0.5mm 保险丝将喷口放大转换凸轮（DK）调整螺钉与锁紧螺钉进行保险 2. 安装转速操纵盒盖子，拧紧固定螺钉并保险 3. 清洁工作现场、清点工具					

4.3.3 评估单

实操任务：检查和调整喷口放大转换凸轮（DK）协动转速			实训评估单号：任务三		配套实训工卡号：任务三	
姓名			班级		学号	
工作步骤			评分要素			
			基本技能		维修作风	
准备 （15分）	1	工具/设备/材料等准备 1. 工具借用准备 2. 按工具清单清点工具/设备/材料 3. 量具有效性检查 4. 试车记录单填写并签字 5. 开启计算机进入试车界面	1. 工具准备不到位，扣2分 2. 工具未清点，扣2分 3. 量具未检查有效性，扣2分 4. 试车记录单未填写并签字，扣2分 5. 未开启计算机进入试车界面，扣1分	扣分值： 理由：	1. 工具摆放不规范，扣2分 2. 未按工具单清点工具，扣2分 3. 安全防护佩戴或使用不规范，扣1分 4. 有损伤工具设备的行为，扣1分	扣分值： 理由：
	2	安全准备 1. 佩戴个人安全防护 2. 设备安全使用注意事项已阅读 3. 与相关人员的安全沟通已执行				
分析故障 制定方案 （8分）	3	1. 明确工作任务 2. 了解故障现象 3. 分析故障 4. 制定排除方案 5. 调整螺钉调整方向 6. 调整螺钉调整量 7. 明确调整部位	1. 不清楚工作任务，扣2分 2. 不了解故障的性质，扣2分 3. 不了解故障产生的原因，扣2分 4. 方案制定错误、方案不合理，每项扣2分，最多扣6分 5. 不清楚调整位置、错误选择调整位置，每项扣2分，最多扣6分	扣分值： 理由：	1. 故障排除方案未填写完整准确，每漏1项扣2分，最多扣8分 2. 未做发动机喷口未及时放大应急预案，做扣5分	扣分值： 理由：
发动机 调整 （22分）	4	1. 选择使用调整工具 2. 拆除调整部位上的保险 3. 调整时的规范性 4. 调整部位锁紧 5. 完工后清点工具	1. 选择工具不合理、使用不正确，每项扣3分 2. 调整螺钉的调整量超出规定值，扣3分 3. 调整螺钉的调整方向错误，扣3分 4. 拆除保险未整根拆除、强行拆除，每项扣3分，最多扣9分	扣分值： 理由：	1. 工具摆放混乱，扣2分 2. 强行拆除保险丝，扣2分 3. 保险丝未整根拆除，扣2分 4. 工具、零件落地，扣2分	扣分值： 理由：

续表

工作步骤		评分要素			
		基本技能		维修作风	
发动机调整（22分）	4		5. 调整时未松开锁紧螺钉，扣3分 6. 调整位置保险错误、保险路线不合理，每项扣2分 7. 拉紧角度不够、编花密度过紧或过松，每项扣2分		5. 调整后未清扫整理工作现场，扣2分 6. 调整操作不规范，扣2分 7. 完工未清点工具，扣2分 8. 工作后未签字，扣2分	
试车准备（5分）	5	1. 识读工卡 2. 检查压气机、涡轮叶片 3. 检查发动机安装固定情况 4. 检查发动机滑油位 5. 签字确认所做工作	1. 未阅读工卡和不熟悉工卡，扣1分 2. 未检查压气机、涡轮叶片，每项扣1分，最多扣4分 3. 未检查发动机安装固定情况，每项扣1分，最多扣4分 4. 未检查发动机滑油位，每项扣1分，最多扣3分 5. 所做工作未签字，每项扣1分，最多扣3分	扣分值： 理由：	1. 发动机状态未检查到位，每漏1项扣1分，最多扣5分 2. 工卡未准备到位，扣5分	扣分值： 理由：
试车检验（30分）	6	1. 发动机起动 2. 检查记录"慢车"状态性能参数 3. 检查记录（81.5±1）%状态性能参数 4. 检查记录MC→ZD加速性 5. 发动机冷却 6. 发动机停车	1. 起动过程中不注意观察仪表参数、手未持住油门手柄，每项扣2分 2. 未检查记录起动过程中参数，每项扣2分，最多扣8分 3. 未检查记录"慢车"状态参数，每项扣2分，最多扣8分 4. 未检查记录(81.5±1)%状态参数，每项扣2分，最多扣8分 5. 未检查MC→ZD加速性，每项扣2分，最多扣8分 6. 未检查记录(81.5±1)%状态参数，每项扣2分，最多扣8分 7. 未检查发动机停车余转，每项扣2分，最多扣4分	扣分值： 理由：	1. 未按操作规程操作发动机试车，每项扣3分，最多扣10分 2. 操作发动机试车时注意力不集中，不注意观察试车数据，每项扣3分，最多扣10分 3. 操作发动机试车油门手柄动作过大，有碰撞等现象，每项扣3分，最多扣10分	扣分值： 理由：

续表

工作步骤			评分要素			
			基本技能		维修作风	
质量记录 (5分)	7	1. 检查试车记录单 2. 检查发动机起动 3. 发动机预热 4. 检查发动机参数 5. 发动机冷却 6. 检查发动机试车其他工步	1. 试车记录单填写不规范,有错/漏项,每项扣0.5分,最多扣2分 2. 起动参数未检查、未记录,每项扣0.5分,最多扣2分 3. "慢车"状态性能参数未记录或漏项,每项扣0.5分,最多扣2分 4. (81.5±1)%状态性能参数未记录或漏项,每项扣0.5分,最多扣2分 5. MC→ZD加速性能参数未记录或漏项,每项扣0.5分,最多扣2分 6. 未按试车工步检查或漏项,每项扣0.5分,最多扣2分 7. 停车未检查余转时间,每项扣0.5分,最多扣2分	扣分值: 理由:	1. 随意更改试车步骤顺序,有错/漏项,每项扣0.5分,最多扣2分 2. 试车记录字迹不清楚、有涂改,每项扣0.5分,最多扣2分 3. 试车记录漏填、错填,每项扣0.5分,最多扣2分	扣分值: 理由:
收尾 (15分)	8	1. 工件署名,上交 2. 按工具清单清点工具 3. 清洁工作区域 4. 归还工具,耗材 5. 签署工卡	1. 未按规定检查发动机涡轮叶片、压气机叶片及滑油位,每项扣2分,最多扣6分 2. 未检查工具完好性,扣2分 3. 未按工具清单清点工具,扣2分 4. 未归还工具、耗材,扣2分 5. 工卡签署不规范、漏项,每项扣2分,最多扣6分	扣分值: 理由:	1. 工作场地有多余物,扣2分 2. 工作区域未清洁,扣3分	扣分值: 理由:
标准工时		90min	实际工时	1. 未在标准工时内完成扣2～10分 2. 每超5min扣2分,最多扣10分,不足5min按5min计算	扣分值: 理由:	
项目分数			是否通过	是□ 否□	评估员签字: 年 月 日	

任务 4.4　检查和调整喷口缩小转换凸轮（XK）协动转速

4.4.1　信息单

任务编号	4.4	任务名称	检查和调整喷口缩小转换凸轮（XK）协动转速

1. 喷口缩小转换凸轮（XK）的工作转速和功用

当高压转子转速 $n_2 \geqslant 66^{+2}_{-1}\%$ 时，喷口缩小转换凸轮（XK）电门接通，使喷口直径由"全加力"缩小到"最大"状态位置。

2. 常见故障及原因分析

喷口缩小转换凸轮（XK）协动转速常见故障及原因分析见表 4-3。

表 4-3　喷口缩小凸轮（XK）协动转速常见故障及原因分析

序号	故障现象	原因分析	排除方法
1	飞机起飞过程中喷口不能收回到"最小"状态位置，导致飞行事故	喷口缩小转换凸轮（XK）协动失效，喷口双向电磁活门不工作，喷口处于大喷口位置，发动机推力较小，不能满足起飞要求	增设"70%"电门 XB，在喷口缩小转换凸轮（XK）电门失效的情况下，高压转子转速上升到70%时，喷口由"全加力"状态位置收小到"最大"状态位置，确保发动机工作正常
2	1. n_2 转速大于 68% 喷口收小 2. n_2 转速小于 65% 喷口收小	1. 喷口缩小转换凸轮（XK）协动转速大 2. 喷口缩小转换凸轮（XK）协动转速小	1. 里拧喷口缩小转换凸轮（XK）协动转速调整螺钉 2. 外拧喷口缩小转换凸轮（XK）协动转速调整螺钉
3	1. n_2 转速大于 61% 喷口收小 2. n_2 转速小于 58% 喷口收小	1. 喷口放大转换凸轮（DK）协动转速大 2. 喷口放大转换凸轮（DK）协动转速小	1. 里拧喷口放大转换凸轮（DK）协动转速调整螺钉 2. 外拧喷口放大转换凸轮（DK）协动转速调整螺钉

3. 检查和调整

（1）检查喷口缩小转换凸轮（XK）协动转速。缓慢推油门手柄，当高压转子转速增高到喷口放大转换凸轮（DK）协动转速 $60^{+1}_{-2}\%$ 时，DK 信号灯亮，此时喷口不转换，高压转子转速继续增高到喷口缩小转换凸轮（XK）协动转速 $66^{+2}_{-1}\%$ 时，XK 信号灯点亮。记录高压转子转速，此转速即为喷口缩小转换凸轮（XK）协动转速，同时喷口由"全加力"位置转换到"最大"状态位置（即喷口直径最小）。

（2）调整喷口缩小转换凸轮（XK）协动转速。转速操纵盒如图 4-1 所示，拆下操纵盒盖上的固定螺钉，用扳手转动操纵盒小轴到相应的调整位置。

1）拆除凸轮锁紧螺钉与调整螺钉上的保险。

2）松开对应调整凸轮上的锁紧螺钉。

3）用调整螺钉调整喷口缩小转换凸轮（XK）协动转速，里拧调整螺钉喷口缩小转换凸轮（XK）协动转速减小，外拧则增大。

4）调整后锁紧锁紧螺钉（防止调整螺钉转动）。

5）用扳手旋转操纵盒小轴，使其达到调整前起始位置。

6）检查凸轮协动转速调整情况。

①如调整了起动断开凸轮（QD）协动转速，则需重新起动发动机，在起动过程中检查起动断开凸轮（QD）协动转速。

②最终调整合格后，用保险丝将调整螺钉与锁紧螺钉保险。

③安装操纵盒盖子，进行保险并签字。

4.4.2 任务单

任务		检查和调整喷口缩小转换凸轮（XK）协动转速				
机型		N/A		机号		
工作区域		发动机维修实训中心		版本		R0
工时		90min	开始时间		结束时间	
完成签署/日期				检验签署/日期		
参考文件资料及标准		《发动机维修规程》				
编写/修订			审核		批准	
日期			日期		日期	
工具/设备/辅材					工作者	检查者
类别	名称	规格型号	单位	数量		
工具	秒表	通用	—	2		
	游标卡尺	0～125	mm	1		
	计算器	通用	—	2		
	手电	通用	—	1		
	尖嘴钳	150	mm	2		
	斜口钳	150	mm	2		
	自动保险钳	通用	—	1		
	一字螺丝刀	150	mm	1		
	一字螺丝刀	200	mm	1		
	套筒扳手	9	mm	1		
	套筒扳手	10	mm	1		

续表

类别	名称	规格型号	单位	数量	工作者	检查者
工具	套筒扳手	11	mm	1		
	组合扳手	4×4	mm	1		
	组合扳手	5×5	mm	1		
	组合扳手	9×9	mm	1		
	梅花扳手	14	mm	1		
	S梅花扳手	11×11	mm	1		
	开口扳手	9×11	mm	2		
	开口扳手	12×14	mm	2		
	开口扳手	14×17	mm	2		
	开口扳手	19×22	mm	2		
	开口扳手	30×32	mm	1		
	喷口直径测具	$M_{28}6360\phi$–0001	—	1		
	层板节流器卸具	M5×50	mm	1		
设备	发动机试车训练系统	—	台	2		
辅材	工作单	—	份	1		
	试车记录单	—	份	1		
辅材	擦布	—	块	2		
	保险丝	$\phi0.8$、$\phi0.5$	mm	各1卷		
	签字笔	—	支	1		

1. 工作准备	工作者	检查者
1. 开启计算机,进入试车界面 2. 在试车记录单上记录如下检查内容 (1) 填写工作任务:_____ (2) 检查发动机的安装及固定情况 (3) 检查发动机压气机及涡轮叶片 (4) 检查发动机滑油位:_____L (5) 清洁现场、清点工具		

2. 分析故障拟定调整方案	工作者	检查者
1. 故障现象:喷口缩小转换凸轮(XK)协动转速小于规定值 实测值为64%;规定值为66^{+2}_{-1}% 2. 故障分析与调整 (1) 在加力燃油泵上调整:转速_____ (2) 调整转速操纵盒凸轮_____协动转速 (3) 依据调整变化量计算出所需调整量 调整方向:_____拧;调整量:_____圈 注意:喷口缩小转换凸轮(XK)调整螺钉里拧一圈n_2转速减小约3.6%		

续表

3．实施调整	工作者	检查者
1．在转速操纵盒上调整 （1）按规定要求拆除转速操纵盒盖固定螺钉上的保险并取下盖子 （2）用开口扳手（5mm）转动操纵盒小轴，使凸轮达到可调整的位置 （3）按规定要求拆除调整螺钉与锁紧螺钉上的保险 （4）松开锁紧螺钉 1.5～2 圈 （5）按照调整方案实施调整 （6）拧紧锁紧螺钉 （7）清洁现场、清点工具 2．在试车界面上调整 （1）单击"转速调整" （2）弹出"调整界面"对话框，单击"DK/XK/XB 协动转速调整" （3）调整喷口缩小转换凸轮（XK）： 调整方向 _____ 拧；调整量 _____ 圈；单击"确定"按钮		
4．起动发动机检查调整结果	工作者	检查者
1．起动准备工作 （1）选择试车步骤：自动起动 （2）接通：总电源、控制电源 （3）接通：起发吹风、起动燃油、起动补油、大流量、整流器 （4）起动转换开关转置：整流器 （5）油封转换开关置于：起动 （6）油门手柄置于：慢车 （7）依次按下："电铃""起动"按钮，发动机开始起动 2．试车程序		

序号	工作状态	时间、次数	工作内容	限制
1	自动起动		1．发动机起动 2．到达慢车转速后记录以下参数 （1）滑油压力出现的时间 （2）起动机脱开凸轮（TQ）协动转速 （3）起动断开凸轮（QD）协动转速 （4）左放气活门关闭转速 （5）右放气活门关闭转速 （6）起动到慢车转速的时间 （7）涡轮后排气温度 t_4 急增最高峰值 注意：起动排气温度不允许超过规定值	 不大于 20s $n_2=32^{+2}_{-1}\%$ $n_2=48\pm2$ $n_2=47.5\%$ $n_2=47.5\%$ 不大于 55s 排气温度不高于 700℃

续表

序号	工作状态	时间、次数	工作内容	限制
2	MC（慢车）	2min	1. 发动机加温 2. 记录参数 （1）低压转子转速 （2）高压转子转速 （3）滑油压力 （4）涡轮后排气温度 t_4 （5）慢车副油路压力	实测值 实测值 不小于 0.098MPa 实测值 (2.06 ± 0.1) MPa
3	(81.5 ± 1) %	2min	1. 发动机加温 2. 记录参数 （1）低压转子转速 （2）高压转子转速 （3）滑油压力 （4）副油路压力 （5）涡轮后排气温度 t_4	实测值 实测值 不小于 0.343MPa 实测值
4	检查喷口缩小转换凸轮（XK）协动转速	最少必须时间	1. 单击试车步骤"DK—XK—XB" 2. 缓慢推油门手柄，当高压转子转速增高到 $n_2=66^{+1}_{-2}\%$ 喷口缩小转换凸轮（XK）协动时，XK 信号灯点亮，喷口由"全加力"状态位置缩小到"最大"状态位置（喷口为最小直径） 3. 喷口缩小信号灯点亮时记录高压转子转速 n_2，转速应符合规定 注意：检查喷口缩小转换凸轮（XK）协动转速调整情况	规定：$n_2=66^{+1}_{-2}\%$
5	MC → ZD 加速性	检查一次	单击试车步骤"MC → ZD" 1. 以 1.5～2.0s 迅速推油门手柄到最大状态（64°～72°），检查发动机加速性 2. 记录参数 （1）低压转子转速 n_1=99% 的时间 （2）低压转子转速急增最高值 （3）涡轮后排气温度 t_4 急增最高峰值	按曲线求出 n_1 不大于 101.5% 排气温度不高于 800℃
6	(81.5 ± 1) %	2min	1. 发动机冷却 2. 记录参数 （1）低压转子转速 （2）高压转子转速 （3）滑油压力 （4）副油路压力 （5）涡轮后排气温度 t_4	 不小于 0.098MPa 实测值

续表

序号	工作状态	时间、次数	工作内容	限制
7	MC（慢车）	2min	1. 发动机冷却 2. 记录参数 （1）低压转子转速 （2）高压转子转速 （3）滑油压力 （4）副油路压力 （5）涡轮后排气温度 t_4 3. 单击试车步骤"停车"	不小于 0.098MPa 实测值
8	停车		1. 油门手柄收到停车位置发动机停车 2. 记录参数 （1）低压转子转速惯性时间 _____ s （2）高压转子转速惯性时间 _____ s	不小于 150s 不小于 35s
9			试车结论：_____	

	5. 结束工作	工作者	检查者
1. 用 ϕ0.5mm 保险丝将喷口缩小转换凸轮（XK）调整螺钉与锁紧螺钉进行保险 2. 安装转速操纵盒盖子，拧紧固定螺钉 3. 清洁工作现场、清点工具			

4.4.3 评估单

实操任务：检查和调整喷口缩小凸轮（XK）协动转速		实训评估单号：任务四		配套实训工卡号：任务四	
姓名		班级		学号	
工作步骤		评分要素			
		基本技能		维修作风	
准备（15分）	1	工具/设备/材料等准备 1. 工具借用准备 2. 按工具清单清点工具/设备/材料 3. 量具有效性检查 4. 试车记录单填写并签字 5. 开启计算机进入试车界面	1. 工具准备不到位，扣2分 2. 工具未清点，扣2分 3. 量具未检查有效性，扣2分 4. 试车记录单未填写并签字，扣2分 5. 未开启计算机进入试车界面，扣1分	扣分值： 理由：	1. 工具摆放不规范，扣2分 2. 未按工具单清点工具，扣2分 3. 安全防护佩戴或使用不规范，扣1分 4. 有损伤工具设备的行为，扣1分	扣分值： 理由：
	2	安全准备 1. 佩戴个人安全防护 2. 设备安全使用注意事项已阅读 3. 与相关人员的安全沟通已执行				

续表

工作步骤			评分要素			
			基本技能		维修作风	
分析故障制定方案（8分）	3	1. 明确工作任务 2. 了解故障现象 3. 分析故障 4. 制定排除方案 5. 调整螺钉调整方向 6. 调整螺钉调整量 7. 明确调整部位	1. 不清楚工作任务，扣2分 2. 不了解故障的性质，扣2分 3. 不了解故障产生的原因，扣2分 4. 方案制定错误、方案不合理，每项扣2分，最多扣6分 5. 不清楚调整位置、错误选择调整位置，每项扣2分，最多扣6分	扣分值： 理由：	1. 故障排除方案未填写完整准确，每漏1项扣2分，最多扣8分 2. 未做发动机喷口未及时缩小应急预案，扣5分	扣分值： 理由：
发动机调整（22分）	4	1. 选择使用调整工具 2. 拆除调整部位上的保险 3. 调整时的规范性 4. 调整部位锁紧 5. 完工后清点工具	1. 选择工具不合理、使用不正确，每项扣3分 2. 调整螺钉的调整量超出规定值，扣3分 3. 调整螺钉的调整方向错误，扣3分 4. 拆除保险未整根拆除、强行拆除，每项扣3分，最多扣9分 5. 调整时未松开锁紧螺钉，扣3分 6. 调整位置保险错误、保险路线不合理，每项扣2分 7. 拉紧角度不够、编花密度过紧或过松，每项扣2分	扣分值： 理由：	1. 工具摆放混乱，扣2分 2. 强行拆除保险丝，扣2分 3. 保险丝未整根拆除，扣2分 4. 工具、零件落地，扣2分 5. 调整后未清扫整理工作现场，扣2分 6. 调整操作不规范，扣2分 7. 完工未清点工具，扣2分 8. 工作后未签字，扣2分	扣分值： 理由：
试车准备（5分）	5	1. 识读工卡 2. 检查压气机、涡轮叶片 3. 检查发动机安装固定情况 4. 检查发动机滑油位 5. 签字确认所做工作	1. 未阅读工卡和不熟悉工卡，扣1分 2. 未检查压气机、涡轮叶片，每项扣1分，最多扣4分 3. 未检查发动机安装固定情况，每项扣1分，最多扣4分 4. 未检查发动机滑油位，每项扣1分，最多扣3分 5. 所做工作未签字，每项扣1分，最多扣3分	扣分值： 理由：	1. 发动机状态未检查到位，每漏1项扣1分，最多扣5分 2. 工卡未准备到位，扣5分	扣分值： 理由：

续表

工作步骤			评分要素			
			基本技能		维修作风	
试车检验 （30分）	6	1. 发动机起动 2. 检查记录"慢车"状态性能参数 3. 检查记录（81.5±1）%状态性能参数 4. 检查记录 MC → ZD 加速性 5. 发动机冷却 5. 发动机停车	1. 起动过程中不注意观察仪表参数、手未持住油门手柄，每项扣2分 2. 未检查记录起动过程参数，每项扣2分，最多扣8分 3. 未检查记录"慢车"状态参数，每项扣2分，最多扣8分 4. 未检查记录（81.5±1）%状态参数，每项扣2分，最多扣8分 5. 未检查 MC → ZD 加速性，每项扣2分，最多扣8分 6. 未检查记录（81.5±1）%状态参数，每项扣2分，最多扣8分 7. 未检查发动机停车余转，每项扣2分，最多扣4分	扣分值： 理由：	1. 未按操作规程操作发动机试车，每项扣3分，最多扣10分 2. 操作发动机试车时注意力不集中，不注意观察试车数据，扣3分，最多扣10分 3. 操作发动机试车油门手柄动作过大，有碰撞等现象，每项扣3分，最多扣10分	扣分值： 理由：
质量记录 （5分）	7	1. 检查试车记录单 2. 检查发动机起动 3. 发动机预热 4. 检查发动机参数 5. 发动机冷却 6. 检查发动机试车其他工步	1. 试车记录单填写不规范，有错/漏项，每项扣0.5分，最多扣2分 2. 起动参数未检查、未记录，每项扣0.5分，最多扣2分 3. "慢车"状态性能参数未记录或漏项，每项扣0.5分，最多扣2分 4. (81.5±1)%状态性能参数未记录或漏项，每项扣0.5分，最多扣2分 5. MC → ZD 加速性能参数未记录或漏项，每项扣0.5分，最多扣2分 6. 未按试车工步检查或漏项，每项扣0.5分，最多扣2分 7. 停车时间未检查余转时间，每项扣0.5分，最多扣2分	扣分值： 理由：	1. 随意更改试车步骤顺序，有错/漏项，每项扣0.5分，最多扣2分 2. 试车记录字迹不清楚、有涂改，每项扣0.5分，最多扣2分 3. 试车记录漏填、错填，每项扣0.5分，最多扣2分	扣分值： 理由：

续表

工作步骤			评分要素			
			基本技能		维修作风	
收尾 (15分)	8	1. 工件署名，上交 2. 按工具清单清点工具 3. 清洁工作区域 4. 归还工具、耗材 5. 签署工卡	1. 未按规定检查发动机涡轮叶片、压气机叶片及滑油位，每项扣2分，最多扣6分 2. 未检查工具完好性，扣2分 3. 未按工具清单清点工具，扣2分 4. 未归还工具、耗材，扣2分 5. 工卡签署不规范、漏项，每项扣2分，最多扣6分	扣分值： 理由：	1. 工作场地有多余物，扣2分 2. 工作区域未清洁，扣3分	扣分值： 理由：
标准工时	90min	实际工时	1. 未在标准工时内完成扣2～10分 2. 每超5min扣2分，最多扣10分，不足5min按5min计算		扣分值： 理由：	
项目分数		是否通过	是□ 否□	评估员签字：	年 月 日	

项目 5 检查和调整发动机稳态转速

学习目标
★ 熟悉慢车转速、最大转速调整螺钉的构造与工作原理。
★ 掌握稳态转速不符合规定要求对发动机稳定工作的影响。
★ 掌握稳态转速技术要求、检查内容、调整方法和注意事项。

学习路径
★ 通过学习信息单,掌握基本理论知识。
★ 通过完成任务单,在实践中巩固和升华理论知识。
★ 通过完成评估单,反馈学习中的不足和改进方向。
★ 通过课后训练,再学习、再提高。

学习资源
★ 校内一体化教室。
★ 视频、PPT、习题答案等。
★ 网络资源等。

学习任务
★ 检查和调整慢车转速。
★ 检查和调整最大转速。

项目思维导图

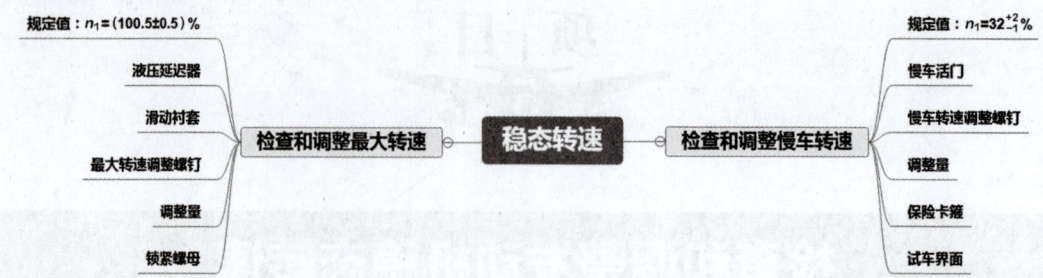

课程思政

中国直升机泰斗——王适存

中国直升机泰斗——王适存

在中国直升机事业发展 50 多年的进程中，王适存教授被尊称为"中国直升机研究泰斗"。

王适存，1926 年 9 月 26 日生于湖南长沙。1948 年毕业于浙江大学航空系，1949 年 9 月在浙大任航空系助教、并完成浙大风洞研制工作，1952 年秋到南京华东航空学院任讲师。除授课外，还翻译了俄文专著《空气螺旋桨》。

王适存为中国首批博士生导师，迄今已指导过大批量的硕士生和博士生。多年来，他和他的博士生们在现代涡流理论和特型桨尖方面取得了丰硕成果，其中"直升机旋翼气动特性分析和自由尾迹研究"获 1998 年部级科技进步一等奖和 1999 年国家科技进步三等奖；2000 年，他被评为全国优秀博士学位论文指导教师。

王适存在国内外刊物上发表论文 50 余篇；主编《直升机气动力手册》和《中国大百科全书·航空航天卷》全部有关直升机条目；主审《军用直升机飞行品质规范》和《民用直升机适航条例》，并多次主持新型直升机的评审会和鉴定会。他还是中国航空学会常务理事、江苏省航空学会理事长。1991 年起享受政府特殊津贴，被航空航天部授予"有突出贡献专家"称号。

王适存说："根本就不存在什么学术权威，也不要惧怕什么学术权威的垄断。经过我们的努力，我们不仅能够迎来中国直升机的春天，也一定会迎来中国航空事业的春天！"

任务 5.1　检查和调整慢车转速

5.1.1　信息单

任务编号	5.1	任务名称	检查和调整慢车转速

1. 主要性能指标

在标准大气条件下慢车转速规定值：$n_1 = 32_{-1}^{+2}\%$。

在慢车域（1～3 刻线）内 n_1 转速变化不大于 1.5%。

2. 构造及工作原理

为了便于人们调整发动机的慢车转速，在流量调节器中设有慢车活门，它由调整旋钮、螺杆、活门等组成，其构造如图 5-1 所示。调整旋钮下端的内表面上有细齿，旋轴单钮在弹簧力作用下弹起，与安装座外表面上的细齿啮合，起保险作用。调整旋钮通过销子与螺杆相节器连，螺杆的下端用反螺纹与活门相连。活门有两个凸台，卡在安装座内的凹槽内，所以它不能转动，只能轴向移动。当按下调整旋钮并转动时，螺杆原位转动，活门轴向移动，改变衬套上示臂油槽的通油面积，控制慢车燃油流量。

按下调整旋钮并逆时针转动时，活门上移，慢车油道的通道截面积增大，油门开关前后油压差减小，流量调节器工作，保持油门开关前、后油压差不变，所以慢车供油量增加，慢车转速增大，里拧旋转时，慢车转速减小。调整旋钮每拧一圈，慢车转速 n_1 约变化 2%。

油门手柄指示臂在刻线盘 1～3 刻线（图 5-2）之间移动，油门开关处的通道面积虽然变化，但是，慢车供油量仍基本不变，这一区域称为"慢车域"。考虑到油门开关通道面积变化对节流作用的影响，以及油门开关漏油量变化的影响，供油量略有变化，由此引起的转速变化不大于 1.5%。

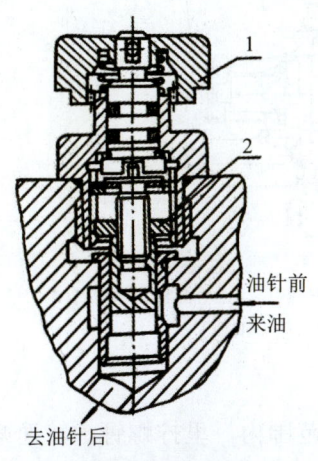

1—慢车转速调整旋钮；
2—活门

图 5-1 慢车活门

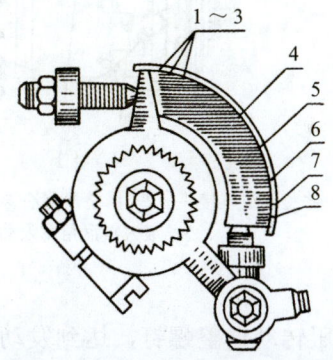

1～3—慢车域；4—自始转速位置；5—额定位置；6—其他机种额定位置；7—"最大"位置；8—补充刻线

图 5-2 刻度盘

3. 常见故障及原因分析

慢车转速常见故障及原因分析见表 5-1。

表 5-1 慢车转速常见故障及原因分析

序号	故障现象	原因分析	排除方法
1	慢车转速摆动	燃油系统内有空气	燃油系统放气
2	慢车转速小与规定值	慢车供油量小	慢车转速调整旋钮外拧

续表

序号	故障现象	原因分析	排除方法
3	慢车转速大与规定值	慢车供油量大	慢车转速调整旋钮里拧
4	慢车转速不能保持并下降	燃油急降活门卡在打开位置	更换燃油急降活门

4. 检查和调整

（1）在发电机加负荷 200A 的热态发动机上检查调整慢车转速。

（2）将油门手柄调到使主燃油泵上的摇臂指针位于分度盘上的慢车标线之间的位置，并检查慢车转速。

（3）如果分度盘刻线（上下刻线）之间转速不符合技术条件，则将慢车转速调整到规定范围，具体方法如下。

1）拆除慢车转速调整螺钉卡箍上的保险并取下保险卡箍，如图 5-3 所示。

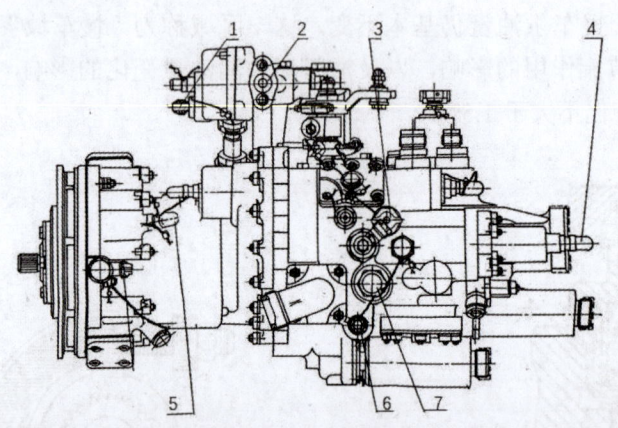

1—修整器进气接头；2—修整器漏油管接头；3—慢车转速调整螺钉；4—分配器调整螺钉；
5—最大斜盘角度限动钉；6—回输节流器；7—中心油滤

图 5-3 主燃油泵（下部）

2）按压转动调整螺钉，达到发动机所规定的转速范围内，里拧螺钉，转速减小，反之转速增大。

注意：最终调整合格后安装卡箍进行保险并签字。

3）检查慢车域的转速变化量。在慢车域范围内移动油门，此时发动机转速的变化不应超过该型号的规定值。

5.1.2 任务单

任务	检查和调整慢车转速			
机型	N/A	机号		
工作区域	发动机维修实训中心	版本	R0	
工时	90min	开始时间		结束时间

续表

完成签署/日期			检验签署/日期			
参考文件资料及标准		《发动机维修规程》				
编写/修订		审核		批准		
日期		日期		日期		
工具/设备/辅材					工作者	检查者
类别	名称	规格型号	单位	数量		
工具	秒表	通用	—	2		
	游标卡尺	0～125	mm	1		
	计算器	通用	—	2		
	手电	通用	—	1		
	尖嘴钳	150	mm	2		
	斜口钳	150	mm	2		
	自动保险钳	通用	—	1		
	一字螺丝刀	150	mm	1		
	一字螺丝刀	200	mm	1		
	套筒扳手	9	mm	1		
	套筒扳手	10	mm	1		
	套筒扳手	11	mm	1		
	组合扳手	4×4	mm	1		
	组合扳手	5×5	mm	1		
	组合扳手	9×9	mm	1		
	梅花扳手	14	mm	1		
	S梅花扳手	11×11	mm	1		
	开口扳手	9×11	mm	2		
	开口扳手	12×14	mm	2		
	开口扳手	14×17	mm	2		
	开口扳手	19×22	mm	2		
	开口扳手	30×32	mm	1		
	喷口直径测具	$M_{28}6360\phi$-0001	—	1		
	层板节流器卸具	M5×50	mm	1		
设备	发动机试车训练系统	—	台	2		
辅材	工作单	—	份	1		
	试车记录单	—	份	1		
	保险丝	$\phi 0.8$、$\phi 0.5$	mm	各1卷		
	擦布	—	块	2		
	签字笔	—	支	1		

续表

1. 工作准备	工作者	检查者
1. 开启计算机，进入试车界面 2. 在试车记录单上记录如下检查内容 （1）填写工作任务：_____ （2）检查发动机的安装及固定情况 （3）检查发动机压气机及涡轮叶片 （4）检查发动机滑油位：_____ L （5）清洁现场、清点工具		
2. 分析故障拟定调整方案	工作者	检查者
1. 故障现象：发动机转速超过规定上限值 实测值为36%；规定值为（33±2）% 2. 故障分析与调整 （1）转速调整螺钉的位置在_____泵上 （2）选择调整：_____转速调整螺钉 （3）依据调整变化量计算出所需调整量： 调整方向：_____拧；调整量：_____圈 **注意**：慢车转速调整螺钉里拧一圈 n_1 转速下降约2%		
3. 实施调整	工作者	检查者
1. 在主燃油调节器上调整 （1）按规定要求拆除调整螺钉锁紧卡圈上的保险并取下卡圈 （2）压下调整旋钮，按照调整方案的调整量进行调整 （3）安装调整螺钉上的卡扣 （4）清洁现场、清点工具 2. 在试车界面上调整 （1）单击"转速调整" （2）弹出"调整界面"对话框，单击"慢车转速调整" （3）调整慢车转速 调整方向：_____拧；调整量：_____圈；单击"确定"按钮		
4. 起动发动机检查调整结果	工作者	检查者
1. 起动准备工作 （1）选择试车步骤：自动起动 （2）接通：总电源、控制电源 （3）接通：起发吹风、起动燃油、起动补油、大流量、整流器 （4）起动转换开关转置：整流器		

续表

4．起动发动机检查调整结果				工作者	检查者
（5）油封转换开关置于：起动					
（6）油门手柄置于：慢车					
（7）依次按下："电铃""起动"按钮，发动机开始起动					

2．试车程序

序号	工作状态	时间、次数	工作内容	限制	
1	自动起动		1．发动机起动 2．到达慢车转速后记录以下参数： （1）滑油压力出现的时间 （2）起动机脱开凸轮（TQ）协动转速 （3）起动断开凸轮（QD）协动转速 （4）左放气活门关闭转速： （5）右放气活门关闭转速 （6）起动到慢车转速的时间 （7）涡轮后排气温度 t_4 急增最高峰值 注意：起动排气温度不允许超过规定值	不大于20s $n_2=32^{+2}_{-1}$% $n_2=(48\pm2)$% $n_2$47.5% $n_2$47.5% 起动时间不大于55s 排气温度不高于700℃	
2	MC （检查慢车转速）	2min	1．发动机加温 2．记录参数 （1）低压转子转速 （2）高压转子转速 （3）滑油压力 （4）涡轮后排气温度 t_4 （5）慢车副油路压力 注意：检查调整慢车转速的调整情况	n_1=31%～35% 范围 实测值 不小于 0.098MPa 实测值 （2.06±0.1）MPa	
3	（81.5±1）%	2min	1．发动机加温 2．记录参数 （1）低压转子转速 （2）高压转子转速 （3）滑油压力 （4）副油路压力 （5）涡轮后排气温度 t_4	实测值 实测值 不小于 0.343MPa 实测值	
4	MC → ZD 加速性	检查两次	以 1.5～2.0s 迅速推油门手柄到最大状态（油门角度64°～72°）检查发动机加速性 2．记录参数 （1）低压转子转速 n_1=99% 的时间 （2）低压转子转速急增最高值 （3）涡轮后排气温度 t_4 急增最高峰值	按曲线求出 n_1 不大于 101.5% 排气温度不高于 800℃	
5	（81.5±1）%	2min	1．发动机冷却 2．记录参数		

续表

序号	工作状态	时间、次数	工作内容	限制	
5	(81.5±1)%	2min	(1) 低压转子转速 (2) 高压转子转速 (3) 滑油压力 (4) 副油路压力 (5) 涡轮后排气温度 t_4		
6	MC（慢车）	2min	1. 发动机冷却 2. 记录参数 (1) 低压转子转速 (2) 高压转子转速 (3) 滑油压力 (4) 副油路压力 (5) 涡轮后排气温度 t_4 3. 单击试车步骤"停车"	不小于 0.098MPa 实测值	
7	停车		1. 油门手柄收到"停车"位置，发动机停车 2. 记录参数 (1) 低压转子转速惯性时间 _____ s (2) 高压转子转速惯性时间 _____ s	不小于 150s 不小于 35s	
8			试车结论：_____		
		5. 结束工作		工作者	检查者
1. 安装自动调整螺钉卡扣 2. 用 ϕ0.8mm 保险丝将自动调整螺钉卡扣进行保险 3. 清洁工作现场、清点工具					

5.1.3 评估单

实操任务：检查和调整慢车转速		实训评估单号：任务一		配套实训工卡号：任务一	
姓名		班级		学号	
工作步骤		评分要素			
		基本技能		维修作风	
准备 (15分)	1	工具/设备/材料等准备 1. 工具借用准备 2. 按工具清单清点工具/设备/材料 3. 量具有效性检查 4. 试车记录单填写并签字 5. 开启计算机进入试车界面	1. 工具准备不到位，扣2分 2. 工具未清点，扣2分 3. 量具未检查有效性，扣2分 4. 试车记录单未填写并签字，扣2分 5. 未开启计算机进入试车界面，扣1分	扣分值： 理由：	1. 工具摆放不规范，扣2分 2. 未按工具单清点工具，扣2分 3. 安全防护佩戴或使用不规范，扣1分 4. 有损伤工具设备的行为，扣1分	扣分值： 理由：

续表

工作步骤			评分要素			
			基本技能		维修作风	
准备 (15分)	2	安全准备 1. 佩戴个人安全防护 2. 设备安全使用注意事项已阅读 3. 与相关人员的安全沟通已执行				
分析故障制定方案 (8分)	3	1. 明确工作任务 2. 了解故障现象 3. 分析故障 4. 制定排除方案 5. 调整螺钉调整方向 6. 调整螺钉调整量 7. 明确调整部位	1. 不清楚工作任务，扣2分 2. 不了解故障的性质，扣2分 3. 不了解故障产生的原因，扣2分 4. 方案制定错误、方案不合理，每项扣2分，最多扣6分 5. 不清楚调整位置、错误选择调整位置，每项扣2分，最多扣6分	扣分值： 理由：	1. 故障排除方案未填写完整准确，每漏1项扣2分，最多扣8分 2. 未做发动机冷热悬挂应急预案，扣5分	扣分值： 理由：
发动机调整 (22分)	4	1. 选择使用调整工具 2. 拆除调整部位上的保险 3. 调整时的规范性 4. 调整部位锁紧 5. 完工后清点工具	1. 选择工具不合理、使用不正确，每项扣3分 2. 调整螺钉的调整量超出规定值，扣3分 3. 调整螺钉的调整方向错误，扣3分 4. 拆除保险未整根拆除、强行拆除，每项扣3分，最多扣9分 5. 调整时未取下卡圈，扣3分 6. 调整位置保险错误、保险路线不合理，每项扣2分 7. 拉紧角度不够、编花密度过紧或过松，每项扣2分	扣分值： 理由：	1. 工具摆放混乱，扣2分 2. 强行拆除保险丝，扣2分 3. 保险丝未整根拆除，扣2分 4. 工具、零件落地，扣2分 5. 调整后未清扫整理工作现场，扣2分 6. 调整操作不规范，扣2分 7. 完工未清点工具，扣2分 8. 工作后未签字，扣2分	扣分值： 理由：
试车准备 (5分)	5	1. 识读工卡 2. 检查压气机、涡轮叶片 3. 检查发动机安装固定情况 4. 检查发动机滑油位 5. 签字确认所做工作	1. 未阅读工卡，扣1分 2. 未检查压气机、涡轮叶片，每项扣1分，最多扣4分 3. 未检查发动机安装固定情况，每项扣1分，最多扣4分	扣分值： 理由：	1. 发动机状态未检查到位，每漏1项扣1分，最多扣5分 2. 工卡未准备到位，扣5分	扣分值： 理由：

续表

工作步骤			评分要素			
			基本技能		维修作风	
试车准备（5分）	5		4. 未检查发动机滑油位，每项扣1分，最多扣3分 5. 所做工作未签字，每项扣1分，最多扣3分			
试车检验（30分）	6	1. 发动机起动 2. 检查记录"慢车"状态性能参数 3. 检查记录（81.5±1)%状态性能参数 4. 检查记录MC→ZD加速性 5. 发动机冷却 6. 发动机停车	1. 起动过程中不注意观察仪表参数、手未持住油门手柄，每项扣2分 2. 未检查记录起动过程参数，每项扣2分，最多扣8分 3. 未检查记录"慢车"状态参数，每项扣2分，最多扣8分 4. 未检查记录（81.5±1)%状态参数，每项扣2分，最多扣8分 5. 未检查MC→ZD加速性，每项扣2分，最多扣8分 6. 未检查记录（81.5±1)%状态参数，每项扣2分，最多扣8分 7. 未检查发动机停车余转，每项扣2分，最多扣4分	扣分值： 理由：	1. 未按操作规程操作发动机试车，每项扣3分，最多扣10分 2. 操作发动机试车时注意力不集中，不注意观察试车数据，每项扣3分，最多扣10分 3. 操作发动机试车油门手柄动作过大，有碰撞等现象，每项扣3分，最多扣10分	扣分值： 理由：
质量记录（5分）	7	1. 检查试车记录单 2. 检查发动机起动 3. 发动机预热 4. 检查发动机参数 5. 发动机冷却 6. 检查发动机试车其他工步	1. 试车记录单填写不规范，有错/漏项，每项扣0.5分，最多扣2分 2. 起动参数未检查、未记，每项扣0.5分，最多扣2分 3. "慢车"状态性能参数未记录或漏项，每项扣0.5分，最多扣2分 4. （81.5±1)%状态性能参数未记录或漏项，每项扣0.5分，最多扣2分 5. MC→ZD加速性能参数未记录或漏项，每项扣0.5分，最多扣2分 6. 未按试车工步检查或漏项，每项扣0.5分，最多扣2分 7. 停车未检查余转时间，每项扣0.5分，最多扣2分	扣分值： 理由：	1. 随意更改试车步骤顺序，有错/漏项，每项扣0.5分，最多扣2分 2. 试车记录字迹不清楚、有涂改，每项扣0.5分，最多扣2分 3. 试车记录漏填、错填，每项扣0.5分，最多扣2分	扣分值： 理由：

续表

工作步骤			评分要素			
			基本技能		维修作风	
收尾 （15分）	8	1. 工件署名，上交 2. 按工具清单清点工具 3. 清洁工作区域 4. 归还工具，耗材 5. 签署工卡	1. 未按规定检查发动机涡轮叶片、压气机叶片及滑油位，每项扣2分，最多扣6分 2. 未检查工具完好性，扣2分 3. 未按工具清单清点工具，扣2分 4. 未归还工具、耗材，扣2分 5. 工卡签署不规范、漏项，每项扣2分，最多扣6分	扣分值： 理由：	1. 工作场地有多余物，扣2分 2. 工作区域未清洁，扣3分	扣分值： 理由：
标准工时	90min	实际工时	1. 未在标准工时内完成扣2~10分 2. 每超5min扣2分，最多扣10分，不足5min按5min计算		扣分值： 理由：	
项目分数		是否通过	是□　　　否□	评估员签字：	年　月　日	

任务5.2　检查和调整最大转速

5.2.1　信息单

任务编号	5.2	任务名称	检查和调整最大转速

1. 主要性能指标

发动机（稳态）最大转速规定值：(100.5±0.5)%。
发动机（动态）最大转速急增不大于规定值：101.5%。

2. 构造及工作原理

发动机稳态最大转速由液压延迟器控制，液压延迟器由液压延迟器活塞、活塞杆、滑动衬套、杠杆和两个层板节流器等组成，其构造如图5-4所示。

活塞用来带动杠杆，改变转速调节器的调准弹簧力。活塞的左腔装有弹簧，并与低压腔相通，活塞的右腔通过正向层板节流器与定压活门出口相通，同时经反向层板节流器和活塞杆上的油孔与低压腔相通，在这种状态时，活塞被弹簧推到右边的极限位置。

滑动衬套由油门手柄通过传动轴上的齿轮带动，操纵油门手柄时，滑动衬套在活塞杆上左右滑动，使活塞杆上的放油孔打开或关闭。

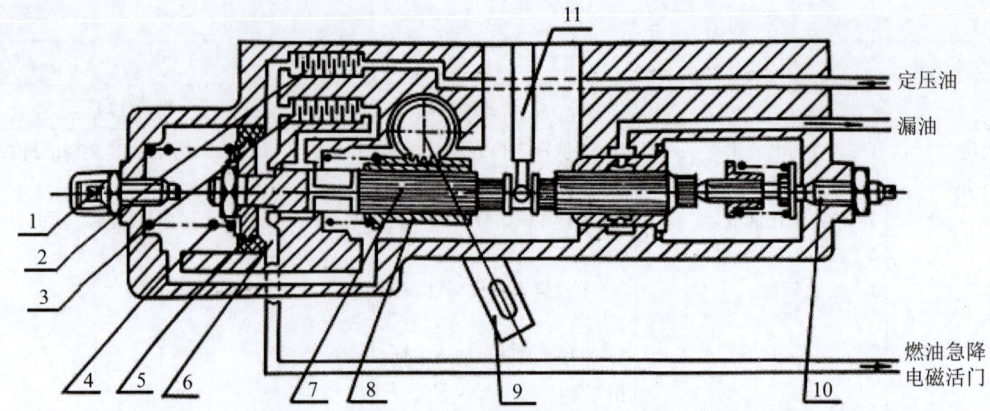

1—低压转速调整螺钉；2—正向（加速）层板节流器；3—反向（减速）层板节流器；
4—弹簧；5—延迟活塞；6—延迟活塞右腔；7—活塞杆；8—滑动衬套；9—油门手柄；
10—自始转速调整螺钉；11—杠杆

图 5-4　液压延迟器

杠杆一端卡在活塞杆上，另一端卡在转速调节器调准弹簧的弹簧座上，中部有转动支点。

推油门手柄时，滑动衬套盖住活塞杆上的放油孔，右腔的油压增高，活塞在油压差力作用下克服弹簧力向左移动，带动杠杆使弹簧座右移，调准弹簧力增大。

当油门手柄推到最大状态位置时，活塞杆上的放油孔始终被滑动衬套盖住，活塞就顶靠到"最大"转速调整螺钉上，调准弹簧被压缩到最大允许值，低压转子转速增大到最大转速。

3. 常见故障及原因分析

最大转速常见故障及原因分析见表 5-2。

表 5-2　最大转速常见故障及原因分析

序号	故障现象	原因分析	排除方法
1	最大转速小于规定值	主燃油泵摇臂指示器刀口小于第 6 刻线	调整油门手柄到 6～7 刻线之间
2	最大转速小于规定值	最大转速止动钉限制	外拧整最大止动钉
3	最大转速小于规定值	n_2 最大转速限制器提前限速	调整 n_2 转速限制器转速

4. 检查和调整

（1）检查最大转速。低压转子转速 n_1 在转速调节器工作范围内工作时，不受大气条件的影响转速保持恒定。

最大转速大于规定值时，转子离心负荷增大易损坏发动机；小于规定值时，又会引起发动机推力下降。

平稳移动油门手柄到最大状态位置，稳定工作后，最大状态低压转子转速 n_1 应在型号规定的范围内。

注意： 不允许低压转子转速 n_1 在超过规定值的转速下持续工作。

（2）调整最大转速。

1）允许在"停车"和"慢车"状态下进行调整。

2）拆除主泵最大转速调整螺钉帽盖上的保险，取下帽盖，如图 5-5 所示。

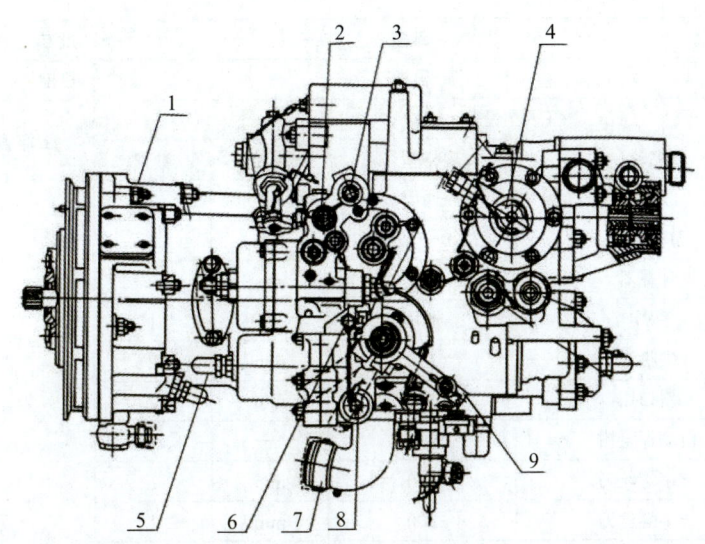

1—主燃油泵；2—高空节流器；3—低空节流器；4—起动供油量调整螺钉；5—最大转速调整螺钉；6—反向节流器；7—进油管；8—液压延迟器节流器；9—油门摇臂

图 5-5 主燃油泵（主视）

3）松开锁紧螺母之前用扳手固定最大转速调整螺钉，以防止调整螺钉转动。

4）松开锁紧螺母，按需要的调整方向、调整量旋转调整螺钉，使其转速达到 $n_1=$（100.5±0.5）%。

注意： ①最大转速调整螺钉顺时针旋转转速减小，逆时针旋转则转速增大；②调整后锁紧最大转速调整螺钉，并拧紧调整螺钉帽盖；③最终调整合格后打好保险并签字。

5）在地面最大状态，低压转速 n_1 达不到最大转速且转速摆动，调整最大转速调整螺钉无效，可通过下列方法判断高压转子最大转速限制器是否提前工作。

①用"冷加力"（不喷油、不点火）方法检查。在最大状态，将喷口放大到全加力位置，涡轮落压比增大，高压转速 n_2 下降，延迟高压转子限制器的工作。

②拆除液压延迟器通高压转子最大转速限制器导管，用堵帽将液压延迟器出口封堵，断开液压延迟器的回油路。

5.2.2 任务单

任务		检查和调整最大转速			
机型	N/A		机号		
工作区域	发动机维修实训中心		版本		R0
工时	90min	开始时间		结束时间	
完成签署/日期			检验签署/日期		
参考文件资料及标准		《发动机维修规程》			
编写/修订		审核		批准	
日期		日期		日期	

工具/设备/辅材					工作者	检查者
类别	名称	规格型号	单位	数量		
工具	秒表	通用	—	2		
	游标卡尺	0～125	mm	1		
	计算器	通用	—	2		
	手电	通用	—	1		
	尖嘴钳	150	mm	2		
	斜口钳	150	mm	2		
	自动保险钳	通用	—	1		
	一字螺丝刀	150	mm	1		
工具	一字螺丝刀	200	mm	1		
	套筒扳手	9	mm	1		
	套筒扳手	10	mm	1		
	套筒扳手	11	mm	1		
	组合扳手	4×4	mm	1		
	组合扳手	5×5	mm	1		
	组合扳手	9×9	mm	1		
	梅花扳手	14	mm	1		
	S梅花扳手	11×11	mm	1		
	开口扳手	9×11	mm	2		
	开口扳手	12×14	mm	2		
	开口扳手	14×17	mm	2		
	开口扳手	19×22	mm	2		
	开口扳手	30×32	mm	1		
	喷口直径测具	$M_{28}6360\phi-0001$	—	1		
	层板节流器卸具	M5×50	mm	1		
设备	发动机试车训练系统	—	台	2		
辅材	工作单	—	份	1		
	试车记录单	—	份	1		

续表

工具/设备/辅材					工作者	检查者
类别	名称	规格型号	单位	数量		
辅材	保险丝	$\phi0.8$、$\phi0.5$	mm	各1卷		
	擦布	—	块	2		
	签字笔	—	支	1		
1. 工作准备					工作者	检查者

1. 开启计算机，进入试车界面
2. 在试车记录单上记录如下检查内容
(1) 填写工作任务：_____
(2) 检查发动机的安装及固定情况
(3) 检查发动机压气机及涡轮叶片
(4) 检查发动机滑油位：_____ L
(5) 清洁现场、清点工具

2. 分析故障拟定调整方案	工作者	检查者

1. 故障现象：发动机转速超过规定上限值
实测值：101.3%；规定值：（100.5±0.5）%
2. 故障分析与调整
(1) 转速调整螺钉的位置在_____泵上
(2) 选择调整：_____转速调整螺钉
(3) 依据调整变化量计算出所需调整量
调整方向：_____拧；调整量：_____圈
注意：最大转速调整螺钉里拧一圈 n_1 转速下降约 2.2%~2.7%

3. 实施调整	工作者	检查者

1. 在主燃油泵上调整
(1) 按规定要求拆除最大转速调整螺钉堵帽上的保险
(2) 用14mm扳手固定锁紧螺母，松开调整螺钉帽盖并取下
(3) 用4mm扳手固定调整螺钉，防止转动，然后用14mm扳手松开锁紧螺母1~1.5圈
(4) 用4mm扳手按照调整方案确定的调整量调整
(5) 用4mm扳手固定调整螺钉防止转动，然后将锁紧螺钉拧紧
(6) 清洁现场、清点工具
2. 在试车界面上调整
(1) 单击"转速调整"
(2) 弹出"调整界面"对话框，单击"最大状态推力/转速调整"
(3) 调整
调整方向：_____拧；调整量：_____圈；单击"确定"按钮

续表

4. 起动发动机检查调整结果				工作者	检查者
1. 起动准备工作 （1）选择试车步骤：自动起动 （2）接通：总电源、控制电源 （3）接通：起发吹风、起动燃油、起动补油、大流量、整流器 （4）起动转换开关转置：整流器 （5）油封转换开关置于：起动 （6）油门手柄置于：慢车 （7）依次按下："电铃""起动"按钮，发动机即可开始起动 2. 试车程序					

序号	工作状态	时间、次数	工作内容	限制	
1	自动起动		1. 发动机起动 2. 到达慢车转速后记录以下参数 （1）滑油压力出现的时间 （2）起动机脱开凸轮（TQ）协动转速 （3）起动断开凸轮（QD）协动转速 （4）左放气活门关闭转速： （5）右放气活门关闭转速 （6）起动到慢车转速的时间 （7）涡轮后排气温度 t_4 急增最高峰值 注意：起动排气温度不允许超过规定值	不大于 20s $n_2=32^{+2}_{-1}$% $n_2=(48\pm2)$% $n_2=47_{-5}$% $n_2=47_{-5}$% 不大于 55s 排气温度不高于 700℃	
2	MC （慢车）	2min	1. 发动机加温 2. 记录参数 （1）低压转子转速 （2）高压转子转速 （3）滑油压力 （4）涡轮后排气温度 t_4 （5）慢车副油路压力	实测值 实测值 不小于 0.098MPa 实测值	
3	(81.5 ± 1)%	2min	1. 发动机加温 2. 记录参数 （1）低压转子转速 （2）高压转子转速 （3）滑油压力 （4）副油路压力 （5）涡轮后排气温度 t_4	实测值 实测值 不小于 0.343MPa 实测值	
4	ZD 最大状态	3min	平稳推油门手柄到最大状态（64°～72°），工作 1min 后检查最大转速。记录参数： （1）低压转子转速应符合规定 注意：若不符合规定应重新调整 （2）高压转子转速	$n_1=(100.5\pm0.5)$%	

续表

序号	工作状态	时间、次数	工作内容	限制
4	ZD 最大状态	3min	(3) 滑油压力 (4) 副油路压力 (5) 涡轮后排气温度 t_4 (6) 卸荷腔压力	排气温度不高于 800℃
5	MC → ZD 加速性	检查一次	1. 以 1.5～2.0s 迅速推油门手柄到最大状态，检查发动机加速性 2. 记录参数 (1) 低压转子转速 n_1=99% 的时间 (2) 低压转子转速急增最高值 (3) 涡轮后排气温度 t_4 急增最高峰值	按曲线求出 n_1 不大于 101.5% 排气温度不高于 800℃
6	MC → QJ 加力加速性	检查一次	1. 以 1.5～2.0s 迅速推油门手柄到全加力状态位置（油门角度 110° 以上），检查发动机加力加速性 2. 记录参数 (1) 加力接通的加速时间 (2) 低压转子转速急增最高值 (3) 涡轮后排气温度 t_4 急增最高峰值	不大于 18s n_1 急增不大于 106.5% 排气温度不高于 800℃
7	(81.5±1) %	2min	1. 发动机冷却 2. 记录参数 (1) 低压转子转速 (2) 高压转子转速 (3) 滑油压力 (4) 副油路压力 (5) 涡轮后排气温度 t_4	
8	MC（慢车）	2min	1. 发动机冷却 2. 记录参数 (1) 低压转子转速 (2) 高压转子转速 (3) 滑油压力 (4) 副油路压力 (5) 涡轮后排气温度 t_4 3. 单击试车步骤"停车"	不小于 0.098MPa 实测值
9	停车		1. 油门手柄收到"停车"位置，发动机停车 2. 记录参数 (1) 低压转子转速惯性时间 _____ s (2) 高压转子转速惯性时间 _____ s	不小于 150s 不小于 35s
10			试车结论：_____	

续表

5. 结束工作	工作者	检查者
1. 用 ϕ0.8mm 保险丝将调整螺钉帽盖进行保险 2. 清洁工作现场、清点工具		

5.2.3 评估单

实操任务：检查和调整最大转速		实训评估单号：任务二		配套实训工卡号：任务二	
姓名		班级		学号	
工作步骤			评分要素		
		基本技能		维修作风	
准备 （15分）	1	工具/设备/材料等准备 1. 工具借用准备 2. 按工具清单清点工具/设备/材料 3. 量具有效性检查 4. 试车记录单填写并签字 5. 开启计算机进入试车界面	1. 工具准备不到位，扣2分 2. 工具未清点，扣2分 3. 量具未检查有效性，扣2分 4. 试车记录单未填写并签字，扣2分 5. 未开启计算机进入试车界面，扣1分	扣分值： 理由：	1. 工具摆放不规范，扣2分 2. 未按工具单清点工具，扣2分 3. 安全防护佩戴或使用不规范，扣1分 4. 有损伤工具设备的行为，扣1分	扣分值： 理由：
	2	安全准备 1. 佩戴个人安全防护 2. 设备安全使用注意事项已阅读 3. 与相关人员的安全沟通已执行				
分析故障 制定方案 （8分）	3	1. 明确工作任务 2. 了解故障现象 3. 分析故障 4. 制定排除方案 5. 调整螺钉调整方向 6. 调整螺钉调整量 7. 明确调整部位	1. 不清楚工作任务，扣2分 2. 不了解故障的性质，扣2分 3. 不了解故障产生的原因，扣2分 4. 方案制定错误、方案不合理，每项扣2分，最多扣6分 5. 不清楚调整位置、错误选择调整位置，每项扣2分，最多扣6分	扣分值： 理由：	1. 故障排除方案未填写完整准确，每漏1项扣2分，最多扣8分 2. 未做发动机最大转速过低应急预案，扣5分	扣分值： 理由：

续表

工作步骤			评分要素				
			基本技能			维修作风	
发动机调整（22分）	4	1. 选择使用调整工具 2. 拆除调整部位上的保险 3. 调整时的规范性 4. 调整部位锁紧 5. 完工后清点工具	1. 选择工具不合理、使用不正确，每项扣3分 2. 调整螺钉的调整量超出规定值，扣3分 3. 调整螺钉的调整方向错误，扣3分 4. 拆除保险未整根拆除、强行拆除，每项扣3分，最多扣9分 5. 调整时未松开锁紧螺钉，扣3分 6. 调整位置保险错误、保险路线不合理，每项扣2分 7. 拉紧角度不够、编花密度过紧或过松，每项扣2分	扣分值： 理由：	1. 工具摆放混乱，扣2分 2. 强行拆除保险丝，扣2分 3. 保险丝未整根拆除，扣2分 4. 工具、零件落地，扣2分 5. 调整后未清扫整理工作场，扣2分 6. 调整操作不规范，扣2分 7. 完工未清点工具，扣2分 8. 工作后未签字，扣2分	扣分值： 理由：
试车准备（5分）	5	1. 识读工卡 2. 检查压气机、涡轮叶片 3. 检查发动机安装固定情况 4. 检查发动机滑油位 5. 签字确认所做工作	1. 未阅读工卡，扣1分 2. 未检查压气机、涡轮叶片，每项扣1分，最多扣4分 3. 未检查发动机安装固定情况，每项扣1分，最多扣4分 4. 未检查发动机滑油位，每项扣1分，最多扣3分 5. 所做工作未签字，每项扣1分，最多扣3分	扣分值： 理由：	1. 发动机状态未检查到位，每漏1项扣1分，最多扣5分 2. 工卡未准备到位，扣5分	扣分值： 理由：
试车检验（30分）	6	1. 发动机起动 2. 检查"慢车"状态性能参数 3. 检查（81.5±1）%状态性能参数 4. 检查最大状态性能参数 5. 检查MC→ZD加速性 6. 检查MC→QJ加力加速性 7. 检查发动机停车	1. 未检查记录起动过程参数，每项扣2分，最多扣8分 2. 未检查记录"慢车"状态参数，每项扣2分，最多扣8分 3. 未检查记录（81.5±1）%状态参数，每项扣2分，最多扣8分 4. 未检查最大状态性能，每项扣2分，最多扣4分	扣分值： 理由：	1. 未按操作规程操作发动机试车，扣3分，最多扣10分 2. 操作发动机试车时注意力不集中，不注意观察试车数据，每项扣3分，最多扣10分 3. 操作发动机试车油门手柄动作过大，有碰撞等现象，每项扣3分，最多扣10分	扣分值： 理由：

续表

工作步骤			评分要素			
			基本技能		维修作风	
试车检验 (30分)	6		5. 未检查MC→ZD加速性，每项扣2分，最多扣4分 6. 未检查MC→QJ加力加速性，每项扣2分，最多扣8分 7. 未检查发动机停车余转，每项扣2分，最多扣4分			
质量记录 (5分)	7	1. 检查试车记录单 2. 检查发动机起动 3. 发动机预热 4. 检查发动机参数 5. 发动机冷却 6. 检查发动机试车其他工步	1. 试车记录单填写不规范，有错/漏项，每项扣0.5分，最多扣2分 2. 起动参数未检查、未记录，每项扣0.5分，最多扣2分 3. "慢车"状态性能参数未记录或漏项，每项扣0.5分，最多扣2分 4. (81.5±1)%状态性能参数未记录或漏项，每项扣0.5分，最多扣2分 5. MC→ZD加速性能参数未记录或漏项，每项扣0.5分，最多扣2分 6. 未按试车工步检查或漏项，每项扣0.5分，最多扣2分 7. 停车未检查余转时间，每项扣0.5分，最多扣2分	扣分值： 理由：	1. 随意更改试车步骤顺序，有错/漏项，每项扣0.5分，最多扣2分 2. 试车记录字迹不清楚、有涂改，每项扣0.5分，最多扣2分 3. 试车记录漏填、错填，每项扣0.5分，最多扣2分	扣分值： 理由：
收尾 (15分)	8	1. 工件署名，上交 2. 按工具清单清点工具 3. 清洁工作区域 4. 归还工具，耗材 5. 签署工卡	1. 未按规定检查发动机涡轮叶片、压气机叶片及滑油位，每项扣2分，最多扣6分 2. 未检查工具完好性，扣2分 3. 未按工具清单清点工具，扣2分	扣分值： 理由：	1. 工作场地有多余物，扣2分 2. 工作区域未清洁，扣3分	扣分值： 理由：

续表

工作步骤			评分要素	
			基本技能	维修作风
收尾 （15分）	8		4. 未归还工具、耗材，扣2分 5. 工卡签署不规范、漏项，每项扣2分，最多扣6分	
标准工时	90min	实际工时	1. 未在标准工时内完成扣2～10分 2. 每超5min扣2分，最多扣10分，不足5min按5min计算	扣分值： 理由：
项目分数		是否通过	是□　　否□	评估员签字：　　　　年　月　日

随手笔记

项目 6

检查和调整发动机空气系统压力

学习目标

★ 熟悉发动机后支承吹风冷却系统、卸荷腔系统的构造、工作原理。

★ 熟悉后支承吹风压力、卸荷腔压力不符合规定要求时对发动机后轴承工作的影响。

★ 掌握更换后支承吹风隔板、卸荷腔隔板的技术要求、检查内容、调整方法和注意事项。

学习路径

★ 通过学习信息单,掌握基本理论知识。

★ 通过完成任务单,在实践中巩固和升华理论知识。

★ 通过完成评估单,反馈学习中的不足和改进方向。

★ 通过课后训练,再学习、再提高。

学习资源

★ 校内一体化教室。

★ 视频、PPT、习题答案等。

★ 网络资源等。

学习任务

★ 检查和调整卸荷腔压力。

★ 检查和调整后支承吹风压力。

航空发动机试车

项目思维导图

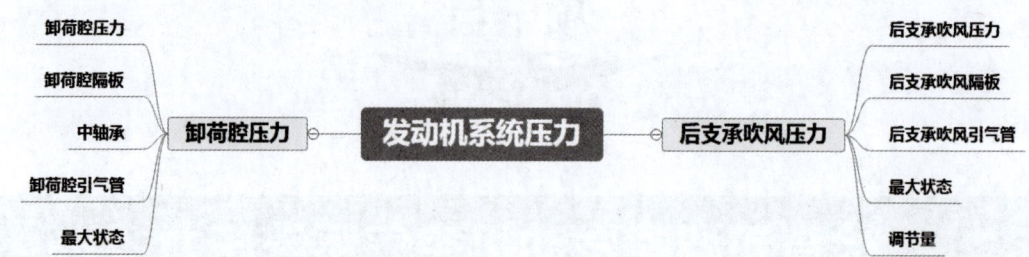

课程思政

大国工匠孙红梅：给飞机"心脏"做手术

航空发动机是飞机的"心脏"，被誉为"工业之花"。维修飞机发动机是世界机械维修中难度最高的技术之一。她在飞机维修领域摸爬滚打 20 余年，先后主持参与 20 余项科研项目、30 余项特殊修理项目，解决了近百道修理难题，保障了 600 多台航空发动机正常工作。她就是孙红梅，2019 年"大国工匠年度人物"中唯一的女性工匠。

大国工匠孙红梅：给飞机"心脏"做手术

一路走来，孙红梅用一把焊枪，将自己的青春岁月与航修事业紧紧地"焊"在了一起。孙红梅主持参与的科研项目获军队科技进步一等奖 1 项、二等奖 1 项、三等奖 4 项。曾荣获"全国五一劳动奖章""全国五一巾帼标兵""全国三八红旗手"称号，被中央文明办评为敬业奉献"中国好人"，当选为空军首届"金牌蓝天工匠"。20 年来，她先后维修了 600 多台航空发动机，不仅保障了飞行安全，甚至有些改进还让航空发动机的性能超过了原有的设计；研发了十余项核心修理技术，夺下 50 多项技术难题攻关等，获得 5 项专利，成为中国空军航空修理系统焊接专业的首席专家及高级工程师。

2020 年 11 月，由中华全国总工会、中央广播电视总台联合举办的 2019 年"大国工匠年度人物"发布活动揭晓评选结果，孙红梅成为了十位"大国工匠"中唯一的女工匠，她感慨万千："自己的从军报国梦虽已实现，但仍然要攀登世界科技高峰，为战鹰护航，为强军强国梦不断贡献力量！"

任务 6.1　检查和调整卸荷腔压力

6.1.1　信息单

任务编号	6.1	任务名称	检查和调整卸荷腔压力

1. 主要性能指标

卸荷腔隔板孔径：18～34mm。

卸荷腔压力规定值：0.049～0.088MPa。

2. 构造及工作原理

发动机在工作时，由于压气机进口空气压力小于出口空气压力，在压差的作用下，使压气机转子承受很大的向前轴向力。尽管涡轮转子承受向后的轴向力，减小中轴承及前中介上的部分轴向力，但是压气机转子向前的轴向力仍然很大，为了减小中轴承的受力，避免损坏中轴承，采取压气机卸荷。

将压气机第三级后的增压空气引至轴颈锥形腹板的前侧空腔内，后侧空腔用两根扁形导管通大气，出口处装有隔板，用换装隔板的方法调节后侧腔内的压力。这些气体与前测腔内的高压气体在轴径锥形腹板上形成一个压差，使高压轴颈受到向后的轴向力，以减小中轴承的负荷。

3. 常见故障及原因分析

卸荷腔压力常见故障及原因分析见表 6-1。

表 6-1　卸荷腔压力常见故障及原因分析

序号	故障现象	造成的影响	原因分析	处理方法
1	卸荷腔压力小	不能真实反映卸荷腔压力值，实际值高于测量值，中轴承轴向负荷较大，不利于发动机安全工作	1. 测量系统的管路裂纹漏气 2. 密封垫损坏漏气	1. 更换测量导管 2. 更换密封垫
2	卸荷腔压力小	1. 中轴承卸荷能力较好，有利于发动机安全工作 2. 滑油封严效果不好，发动机滑油消耗量增大 注意：调整卸荷腔压力至规定范围内，从而保证了较好的卸荷能力和封严效果	隔板孔径偏大	更换小隔板孔径 注意：压力应在技术要求范围内
3	卸荷腔压力大	1. 中轴承卸荷能力不好，不利于发动机安全工作 2. 滑油封严效果好，发动机滑油消耗量减小	隔板孔径偏小	更换大隔板孔径 注意：压力应在技术要求范围内

4. 检查和调整

发动机在最大状态稳定工作后检查卸荷腔压力，卸荷腔内的压力太大，卸荷作用下降，但是滑油封严效果提高。因此，压力应调整到规定范围内，既能起到较好的卸荷作用又能有效封油。

按下列顺序更换隔板，调整卸荷腔压力：

（1）取下卸荷腔窗口上的引气管。

（2）取下测量导管和隔板，更换隔板（见图 6-1），如果压力大，则换装孔径大的隔板；如果压力小，则装孔径小的隔板。

（3）安装测量导管及引气管。

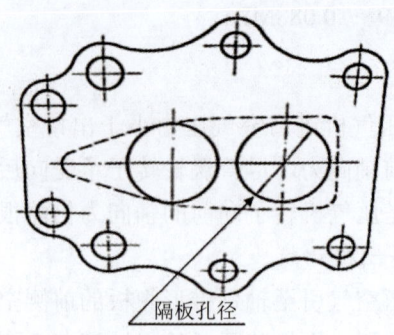

图 6-1 卸荷腔隔板

注意：①试车检查合格后在试车记录单中记录卸荷腔隔板孔径并签字；②在卸荷腔隔板上标刻发动机机号和隔板孔径。

6.1.2 任务单

任务		检查和调整卸荷腔压力					
机型		N/A		机号			
工作区域		发动机维修实训中心		版本		R0	
工时		90min	开始时间		结束时间		
完成签署/日期				检验签署/日期			
参考文件资料及标准		《发动机维修规程》					
编写/修订			审核		批准		
日期			日期		日期		
工具/设备/辅材						工作者	检查者
类别	名称		规格型号	单位	数量		
工具	秒表		通用	—	4		
	游标卡尺		0～125	mm	1		
	计算器		通用	—	2		
	手电		通用	—	1		
	尖嘴钳		150	mm	2		
	斜口钳		150	mm	2		
	自动保险钳		通用	—	1		
	一字螺丝刀		150	mm	1		
	一字螺丝刀		200	mm	1		
	套筒扳手		9	mm	1		
	套筒扳手		10	mm	1		
	套筒扳手		11	mm	1		

续表

工具/设备/辅材					工作者	检查者
类别	名称	规格型号	单位	数量		
工具	组合扳手	4×4	mm	1		
	组合扳手	5×5	mm	1		
	组合扳手	9×9	mm	1		
	梅花扳手	14	mm	1		
	S梅花扳手	11×11	mm	1		
	开口扳手	9×11	mm	2		
	开口扳手	12×14	mm	2		
	开口扳手	14×17	mm	2		
	开口扳手	19×22	mm	2		
	开口扳手	30×32	mm	1		
	喷口直径测具	$M_{28}6360\phi-0001$	—	1		
	层板节流器卸具	M5×50	mm	1		
设备	发动机试车训练系统	—	台	2		
辅材	工作单	—	份	1		
	试车记录单	—	份	1		
	保险丝	$\phi0.8$、$\phi0.5$	mm	各1卷		
	擦布	—	块	2		
	签字笔	—	支	1		

1. 工作准备	工作者	检查者
1. 开启计算机，进入试车界面 2. 在试车记录单上记录如下检查内容 (1) 填写工作任务：_____ (2) 检查发动机的安装及固定情况 (3) 检查发动机压气机及涡轮叶片 (4) 检查发动机滑油位：_____ L (5) 清洁现场、清点工具		

2. 分析故障拟定调整方案	工作者	检查者
1. 故障现象 卸荷腔压力在"最大"状态偏大，需减小0.005MPa 2. 故障分析与调整 (1) 卸荷腔隔板装在发动机的哪一侧：_____ 侧 (2) 卸荷腔隔板孔径换大或换小：_____ 孔径 (3) 依据隔板孔径变化量计算出调整量 拆下隔板：_____ mm；安装隔板：_____ mm 注意：卸荷腔隔板孔径减小1mm压力增高约0.002MPa		

续表

3. 实施调整	工作者	检查者
1. 在发动机左侧调整 （1）用套筒扳手拆除卸并取下卸荷腔引气管固定螺钉（见图6-2）  图 6-2　卸荷腔引气管 （2）取下引气管及卸荷腔隔板 （3）按照调整方案更换所需的隔板孔径 **注意**：隔板孔径规定在 10mm ～ 34mm 范围内 （4）安装卸荷腔隔板及引气管 （5）清洁现场、清点工具 2. 在试车界面上调整 （1）单击"其他调整" （2）弹出"调整界面"对话框，单击"卸荷腔压力调整" （3）按照调整方案确定的调整量 按界面实际直径为　　　　　mm；隔板调整为　　　　　mm；单击"确定"按钮		
4. 起动发动机检查调整结果	工作者	检查者
1. 起动准备工作 （1）选择试车步骤：自动起动 （2）接通：总电源、控制电源 （3）接通：起发吹风、起动燃油、起动补油、大流量、整流器 （4）起动转换开关转置：整流器 （5）油封转换开关置于：起动 （6）油门手柄置于：慢车 （7）依次按下："电铃""起动"按钮，发动机开始起动 2. 试车程序		

续表

序号	工作状态	时间、次数	工作内容	限制
1	自动起动		1. 发动机起动 2. 到达慢车转速后记录以下参数 （1）滑油压力出现的时间 （2）起动机脱开凸轮（TQ）协动转速 （3）起动断开凸轮（QD）协动转速 （4）左放气活门关闭转速 （5）右放气活门关闭转速 （6）起动到慢车转速的时间 （7）涡轮后排气温度 t_4 急增最高峰值 注意：起动排气温度不允许超过规定值	不大于 20s $n_2 = 32^{+2}_{-1}\%$ $n_2 = (48\pm2)\%$ $n_2 = 47.5\%$ $n_2 = 47.5\%$ 不大于 55s 排气温度不高于 700℃
2	MC （慢车）	2min	1. 发动机加温 2. 记录参数 （1）低压转子转速 （2）高压转子转速 （3）滑油压力 （4）涡轮后排气温度 t_4 （5）慢车副油路压力	实测值 实测值 不小于 0.098MPa 实测值 （2.06±0.1）MPa
3	（81.5±1）%	2min	1. 发动机加温 2. 记录参数 （1）低压转子转速 （2）高压转子转速 （3）滑油压力 （4）副油路压力 （5）涡轮后排气温度 t_4	实测值 实测值 不小于 0.343MPa 实测值
4	ZD （100.5±0.5）% （检查卸荷腔压力）	3min	1. 平稳推油门手柄到最大状态(64°～72°)，稳定工作 2min 后检查卸荷腔压力 注意：检查卸荷腔压力，压力应在规定范围内 2. 记录参数 （1）低压转子转速 （2）高压转子转速 （3）卸荷腔压力 （4）滑油压力 （5）副油路压力 （6）涡轮后排气温度 t_4	n_1 不大于 101.5% 0.049～0.088MPa 排气温度不高于 800℃

续表

序号	工作状态	时间、次数	工作内容	限制	
5	MC → ZD 加速性	检查两次	1. 以 1.5～2.0s 迅速推油门手柄到最大状态（油门角度 64°～72°），检查发动机加速性 2. 记录参数 （1）低压转子转速 n_1=99% 的时间 （2）低压转子转速急增最高值 （3）涡轮后排气温度 t_4 急增最高峰值	按曲线求出 不大于 101.5% 排气温度不高于 800℃	
6	(81.5±1)%	2min	1. 发动机冷却 2. 记录参数 （1）低压转子转速 （2）高压转子转速 （3）滑油压力 （4）副油路压力 （5）涡轮后排气温度 t_4	不小于 0.343MPa 实测值	
7	MC（慢车）	2min	1. 发动机冷却 2. 记录参数 （1）低压转子转速 （2）高压转子转速 （3）滑油压力 （4）副油路压力 （5）涡轮后排气温度 t_4 3. 单击"停车"	不小于 0.098MPa 实测值	
8	停车		1. 将油门手柄收到"停车"位置，发动机停车 2. 记录参数 （1）低压转子转速惯性时间＿＿＿s （2）高压转子转速惯性时间＿＿＿s	不小于 150s 不小于 35s	
9			试车结论：＿＿＿＿＿＿＿＿＿		
5. 结束工作				工作者	检查者
1. 记录单上记录换上卸荷腔隔板孔径＿＿＿＿mm 2. 清洁工作现场、清点工具					

6.1.3 评估单

实操任务：检查和调整卸荷腔压力			实训评估单号：任务一		配套实训工卡号：任务一	
姓名			班级		学号	
工作步骤			评分要素			
			基本技能		维修作风	
准备 （15分）	1	工具/设备/材料等准备 1. 工具借用准备 2. 按工具清单清点工具/设备/材料 3. 量具有效性检查 4. 试车记录单填写并签字 5. 开启计算机进入试车界面	1. 工具准备不到位，扣2分 2. 工具未清点，扣2分 3. 量具未检查有效性，扣2分 4. 试车记录单未填写并签字，扣2分 5. 未开启计算机进入试车界面，扣1分	扣分值： 理由：	1. 工具摆放不规范，扣2分 2. 未按工具单清点工具，扣2分 3. 安全防护佩戴或使用不规范，扣1分 4. 有损伤工具设备的行为，扣1分	扣分值： 理由：
	2	安全准备 1. 佩戴个人安全防护 2. 设备安全使用注意事项已阅读 3. 与相关人员的安全沟通已执行				
分析故障 制定方案 （8分）	3	1. 明确工作任务 2. 了解故障现象 3. 分析故障 4. 制定排除方案 5. 卸荷腔隔板孔径调整量 6. 明确调整部位	1. 不清楚工作任务，扣2分 2. 不了解故障的性质，扣2分 3. 不了解故障产生的原因，扣2分 4. 方案制定错误、方案不合理，每项扣2分，最多扣6分 5. 不清楚调整位置、错误选择调整位置，每项扣2分，最多扣6分	扣分值： 理由：	1. 故障排除方案未填写完整准确，每漏1项扣2分，最多扣8分 2. 未做好发动机卸荷腔压力过高应急预案，扣5分	扣分值： 理由：
发动机 调整 （22分）	4	1. 选择使用调整工具 2. 拆除卸荷腔引气管固定螺钉 3. 调整时的规范性 4. 更换卸荷腔隔板 5. 完工后清点工具	1. 选择工具不合理、使用不正确，每项扣3分 2. 卸荷腔隔板的调整量超出规定值，扣3分 3. 固定螺钉未松开，每项扣3分，最多扣9分 4. 松开卸荷腔引气管时，零件掉地，扣3分 5. 固定螺钉缺失，每项扣2分	扣分值： 理由：	1. 工具摆放混乱，扣2分 2. 卸荷腔隔板未更换，扣2分 3. 工具、零件落地，扣2分 4. 调整后未清扫整理工作现场，扣2分 5. 调整操作不规范，扣2分	扣分值： 理由：

续表

工作步骤			评分要素			
			基本技能		维修作风	
发动机调整（22分）	4				6. 完工未清点工具，扣2分 7. 工作后未签字，扣2分	
试车准备（5分）	5	1. 识读工卡 2. 检查压气机、涡轮叶片 3. 检查发动机安装固定情况 4. 检查发动机滑油位 5. 签字确认所做工作	1. 未阅读工卡，扣1分 2. 未检查压气机、涡轮叶片，每项扣1分，最多扣4分 3. 未检查发动机安装固定情况，每项扣1分，最多扣4分 4. 未检查发动机滑油位，每项扣1分，最多扣3分 5. 所做工作未签字，每项扣1分，最多扣3分	扣分值： 理由：	1. 发动机状态未检查到位，每漏1项扣1分，最多扣5分 2. 工卡未准备到位，扣5分	扣分值： 理由：
试车检验（30分）	6	1. 发动机起动 2. 检查"慢车"状态性能参数 3. 检查（81.5±1）%状态性能参数 4. 检查最大状态参数 5. 检查 MC → ZD 加速性 6. 检查发动机停车	1. 未检查记录起动过程中参数，每项扣2分，最多扣8分 2. 未检查记录"慢车"状态参数，每项扣2分，最多扣8分 3. 未检查记录（81.5±1）%状态参数，每项扣2分，最多扣8分 4. 未检查记录最大状态参数，每项扣2分，最多扣8分 5. 未检查记录 MC → ZD 加速性，每项扣2分，最多扣8分 6. 未检查发动机停车余转，每项扣2分，最多扣4分	扣分值： 理由：	1. 未按操作规程操作发动机试车，扣3分，最多扣10分 2. 操作发动机试车时注意力不集中，不注意观察试车数据，每项扣3分，最多扣10分 3. 操作发动机试车油门手柄动作过大，有碰撞等现象，每项扣3分，最多扣10分	扣分值： 理由：
质量记录（5分）	7	1. 检查试车记录单 2. 检查发动机起动 3. 发动机预热 4. 检查发动机参数 5. 发动机冷却	1. 试车记录单填写不规范，有错/漏项，每项扣0.5分，最多扣2分 2. 起动参数未检查、未记录，每项扣0.5分，最多扣2分	扣分值： 理由：	1. 随意更改试车步骤顺序，有错/漏项，每项扣0.5分，最多扣2分	扣分值： 理由：

续表

工作步骤			评分要素			
			基本技能		维修作风	
质量记录 （5分）	7	6. 检查发动机试车其他工步	3."慢车"状态性能参数未记录或漏项，每项扣0.5分，最多扣2分 4.（81.5±1）%状态性能参数未记录或漏项，每项扣0.5分，最多扣2分 5. 最大状态性能参数未记录或漏项，每项扣0.5分，最多扣2分 6. MC→ZD加速性能参数未记录或漏项，每项扣0.5分，最多扣2分 7. 未按试车工步检查或漏项，每项扣0.5分，最多扣2分 8. 停车未检查余转时间，每项扣0.5分，最多扣2分		2. 试车记录字迹不清楚、有涂改，每项扣0.5分，最多扣2分 3. 试车记录漏填、错填，每项扣0.5分，最多扣2分	
收尾 （15分）	8	1. 工件署名，上交 2. 按工具清单清点工具 3. 清洁工作区域 4. 归还工具、耗材 5. 签署工卡	1. 未按规定检查发动机涡轮叶片、压气机叶片及滑油位，每项扣2分，最多扣6分 2. 未检查工具完好性，扣2分 3. 未按工具清单清点工具，扣2分 4. 未归还工具、耗材，扣2分 5. 工卡签署不规范、漏项，每项扣2分，最多扣6分	扣分值： 理由：	1. 工作场地有多余物，扣2分 2. 工作区域未清洁，扣3分	扣分值： 理由：
标准工时		90min	实际工时	未在标准工时内完成扣2～10分，每超5min扣2分，最多扣10分，不足5min按5min计算		扣分值： 理由：	
项目分数			是否通过	是□　否□	评估员签字：　　　　　　年　月　日		

任务 6.2　检查和调整后支承吹风压力

6.2.1　信息单

任务编号	6.2	任务名称	检查和调整后支承吹风压力

1. 主要性能指标

后支承吹风隔板孔径：10～28mm。

后支承吹风压力规定值：0.01～0.045MPa。

2. 构造及工作原理

后支承吹风系统由低压涡轮轴、轴承机匣 4 根通气管、空气收集器、涡轮散热导管、隔板组成。

为防止后中介轴承过热和减少涡轮盘向滑油传热，将第三级压气机后空气通过内轴的内腔引来，部分空气经过内轴上的孔进入一级涡轮盘的中心孔腔，然后通过内支承上的铣槽沿 4 根通气管进入空气收集器，再通过 1 根涡轮散热通气管经隔板孔通大气。

更换隔板孔径可改变后支承吹风压力，隔板孔径变小，吹风压力增高，冷却散热条件变差。

3. 常见故障及原因分析

后支承吹风压力常见故障及原因分析见表 6-2。

表 6-2　后支承吹风压力常见故障及原因分析

序号	故障现象	原因分析	处理方法
1	吹风压力小于技术要求	1. 测量系统的管路裂纹、漏气 2. 隔板孔径偏大 注意：滑油封严效果不好	1. 检查管路系统密封性 2. 密封性完好后可更换小隔板孔径
2	吹风压力大于技术要求	隔板孔径偏小 注意：吹风压力升高，有利于滑油封严，但不利于涡轮散热	适当换大隔板孔径

4. 检查和调整

在最大转速下工作的发动机后支承吹风总管内的压力应在型号规定范围内，不符合则需进行调整，用更换隔板的方法进行调整（图 6-3）。

如果后支承吹风压力大，则装孔径大的隔板或不装隔板；如果压力小，则装孔径小的隔板。

注意：①试车检查合格后在试车记录单中记录隔板孔径并签字；②在隔板上标刻发

动机机号和隔板孔的直径；③允许隔板孔扩钻任意直径的孔。

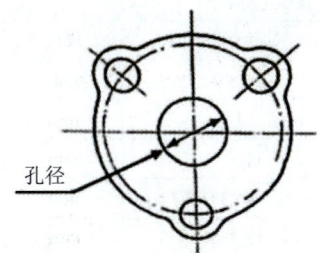

图 6-3 后支承吹风隔板

6.2.2 任务单

任务		检查和调整后支承吹风压力						
机型		N/A		机号				
工作区域		发动机维修实训中心		版本		R0		
工时		90min		开始时间		结束时间		
完成签署/日期				检验签署/日期				
参考文件资料及标准		《发动机维修规程》						
编写/修订			审核			批准		
日期			日期			日期		
工具/设备/辅材							工作者	检查者
类别	名称		规格型号		单位	数量		
工具	秒表		通用		—	2		
	游标卡尺		0～125		mm	1		
	计算器		通用		—	2		
	手电		通用		—	1		
	尖嘴钳		150		mm	2		
	斜口钳		150		mm	2		
	自动保险钳		通用		—	1		
	一字螺丝刀		150		mm	1		
	一字螺丝刀		200		mm	1		
	套筒扳手		9		mm	1		
	套筒扳手		10		mm	1		
	套筒扳手		11		mm	1		
	组合扳手		4×4		mm	1		
	组合扳手		5×5		mm	1		

续表

类别	工具/设备/辅材		单位	数量	工作者	检查者
	名称	规格型号				
工具	组合扳手	9×9	mm	1		
	梅花扳手	14	mm	1		
	S 梅花扳手	11×11	mm	1		
	开口扳手	9×11	mm	2		
	开口扳手	12×14	mm	2		
	开口扳手	14×17	mm	2		
	开口扳手	19×22	mm	2		
	开口扳手	30×32	mm	2		
	喷口直径测具	$M_{28}6360\phi-0001$	—	1		
	层板节流器卸具	M5×50	mm	1		
设备	发动机试车训练系统	—	台	2		
辅材	工作单	—	份	1		
	试车记录单	—	份	1		
	保险丝	$\phi 0.8$、$\phi 0.5$	mm	各1卷		
	擦布	—	块	2		
	签字笔	—	支	1		
1. 工作准备					工作者	检查者
1. 开启计算机,进入试车界面 2. 在试车记录单上记录如下检查内容 (1) 填写工作任务:_____ (2) 检查发动机的安装及固定情况 (3) 检查发动机压气机及涡轮叶片 (4) 检查发动机滑油油位:_____ L (5) 清洁现场、清点工具						
2. 分析故障拟定调整方案					工作者	检查者
1. 故障现象 后支承吹风压力在"最大"状态偏小,需增大压力 0.005MPa 2. 故障分析与调整 (1) 后支承吹风隔板装在发动机哪一侧:_____ 侧 (2) 隔板孔径换大还是换小:_____ 孔径 (3) 依据隔板孔径变化计算出调整量: 拆下隔板:_____ mm;安装隔板:_____ mm 注意:后支承隔板孔径减小 1mm 压力增高约 0.002MPa						
3. 实施调整					工作者	检查者
1. 在发动机右侧调整 (1) 用套筒扳手拆除后支承吹风引气管固定螺钉(见图 6-4)						

续表

3. 实施调整	工作者	检查者
（2）取下吹风引气管及隔板 （3）按照调整方案更换所需的隔板孔径 注意：隔板孔径规定在 10～28mm 范围内 （4）安装吹风隔板及引气管 （5）清洁现场、清点工具 图 6-4 后支承吹风引气管 2. 在试车界面上调整 （1）单击"其他调整" （2）弹出"调整界面"对话框，单击"后支承吹风压力调整" （3）按照调整方案确定的调整量 按界面实际直径：_____mm；隔板调整为：_____mm；单击"确定"按钮		
4. 起动发动机检查调整结果	工作者	检查者
1. 起动准备工作 （1）选择试车步骤：自动起动 （2）接通：总电源、控制电源 （3）接通：起发吹风、起动燃油、起动补油、大流量、整流器 （4）起动转换开关转置：整流器 （5）油封转换开关置于：起动 （6）油门手柄置于：慢车 （7）依次按下："电铃""起动"按钮，发动机开始起动 2. 试车程序		

序号	工作状态	时间、次数	工作内容	限制
1	自动起动		1. 发动机起动 2. 到达慢车转速后记录以下参数 （1）滑油压力出现的时间 （2）起动机脱开凸轮（TQ）协动转速 （3）起动断开凸轮（QD）协动转速	不大于 20s $n_2 = 32^{+2}_{-1}\%$ $n_2 = (48 \pm 2)\%$

续表

序号	工作状态	时间、次数	工作内容	限制
1	自动起动		(4) 左放气活门关闭转速 (5) 右放气活门关闭转速 (6) 起动到慢车转速的时间 (7) 涡轮后排气温度 t_4 急增最高峰值 **注意**：起动排气温度不允许超过规定值	$n_2=47.5\%$ $n_2=47.5\%$ 不大于 55s 排气温度不高于 700℃
2	MC (慢车)	2min	1. 发动机加温 2. 记录参数 (1) 低压转子转速 (2) 高压转子转速 (3) 滑油压力 (4) 涡轮后排气温度 t_4 (5) 慢车副油路压力	 实测值 实测值 不小于 0.098MPa 实测值 (2.06±0.1) MPa
3	(81.5±1) %	2min	1. 发动机加温 2. 记录参数 (1) 低压转子转速 (2) 高压转子转速 (3) 滑油压力 (4) 副油路压力 (5) 涡轮后排气温度 t_4	 实测值 实测值 不小于 0.343MPa 实测值 实测值
4	ZD (100.5±0.5) % (检查后支承吹风压力)	3min	1. 平稳推油门手柄到最大状态 (64°~72°) 稳定工作 2min 后检查后支承吹风压力 **注意**：检查后支承吹风压力，压力应在规定范围内 2. 记录参数 (1) 低压转子转速 (2) 高压转子转速 (3) 后支承吹风压力 (4) 滑油压力 (5) 副油路压力 (6) 涡轮后排气温度 t_4	 0.01~0.045MPa 排气温度不高于 800℃
5	MC → ZD 加速性	检查两次	1. 单击试车步骤"MC → ZD" 2. 以 1.5~2.0s 迅速推油门手柄到最大状态 (64°~72°)，检查发动机加速性 3. 记录参数 (1) 低压转子转速 $n_1=99\%$ 的时间 (2) 低压转子转速急增最高值 (3) 涡轮后排气温度 t_4 急增最高峰值	 按曲线求出 n_1 不大于 101.5% 排气温度不高于 800℃

续表

序号	工作状态	时间、次数	工作内容	限制
6	(81.5±1)%	2min	1. 发动机冷却 2. 记录参数 (1) 低压转子转速 (2) 高压转子转速 (3) 滑油压力 (4) 副油路压力 (5) 涡轮后排气温度 t_4	
7	MC (慢车)	2min	1. 发动机冷却 2. 记录参数 (1) 低压转子转速 (2) 高压转子转速 (3) 滑油压力 (4) 副油路压力 (5) 涡轮后排气温度 t_4 3. 单击试车步骤"停车"	不小于0.098MPa 实测值
8	停车		1. 油门手柄收到"停车"位置,发动机停车 2. 记录参数 (1) 低压转子转速惯性时间_____s (2) 高压转子转速惯性时间_____s	不小于150s 不小于35s
9			试车结论:_____	

5. 结束工作	工作者	检查者
1. 用锁片将引气导管锁紧螺钉进行保险 2. 清洁工作现场、清点工具		

6.2.3 评估单

实操任务:检查和调整后支承吹风压力		实训评估单号:任务二		配套实训工卡号:任务二	
姓名		班级		学号	
工作步骤		评分要素			
		基本技能		维修作风	
准备 (15分)	1	工具/设备/材料等准备 1. 工具借用准备 2. 按工具清单清点工具/设备/材料 3. 量具有效性检查 4. 试车记录单填写并签字 5. 开启计算机进入试车界面	1. 工具准备不到位,扣2分 2. 工具未清点,扣2分 3. 量具未检查有效性,扣2分 4. 试车记录单未填写并签字,扣2分 5. 未开启计算机进入试车界面,扣1分	扣分值: 理由:	1. 工具摆放不规范,扣2分 2. 未按工具单清点工具,扣2分 3. 安全防护佩戴或使用不规范,扣1分 4. 有损伤工具设备的行为,扣1分	扣分值: 理由:

续表

工作步骤			评分要素				
			基本技能		维修作风		
准备 （15分）	2	安全准备 1. 佩戴个人安全防护 2. 设备安全使用注意事项已阅读 3. 与相关人员的安全沟通已执行	1. 工具准备不到位，扣2分 2. 工具未清点，扣2分 3. 量具未检查有效性，扣2分 4. 试车记录单未填写并签字，扣2分 5. 未开启计算机进入试车界面，扣1分	扣分值： 理由：	1. 工具摆放不规范，扣2分 2. 未按工具单清点工具，扣2分 3. 安全防护佩戴或使用不规范，扣1分 4. 有损伤工具设备的行为，扣1分	扣分值： 理由：	
分析故障 制定方案 （10分）	3	1. 明确工作任务 2. 了解故障现象 3. 分析故障 4. 制定排除方案 5. 隔板孔径调整量 6. 明确调整部位	1. 不清楚工作任务，扣2分 2. 未制定检查压力测量系统密封性情况，扣3分 3. 不了解故障的性质，扣2分 4. 不了解故障产生的原因，扣2分 5. 方案制定错误、方案不合理，每项扣2分 6. 不清楚调整位置、错误选择调整位置，每项扣2分	扣分值： 理由：	1. 故障排除方案未填写完整准确，每漏1项扣2分，最多扣8分 2. 未做发动机后支承吹风压力过低应急预案，扣5分	扣分值： 理由：	
发动机 调整 （20分）	4	1. 选择使用调整工具 2. 拆除后支承吹风引气管固定螺钉 3. 调整时的规范性 4. 更换选择隔板 5. 完工后清点工具	1. 调整前未检查确定测量管路的密封性，扣3分 2. 选择工具不合理、使用不正确，每项扣3分 3. 选择隔板孔径超出规定值，扣3分 4. 固定螺钉未松开，每项扣3分，最多扣9分 5. 松开后支承吹风引气管时，零件掉地，扣3分 6. 固定螺钉缺失、损伤，每项扣2分	扣分值： 理由：	1. 工具摆放混乱，扣2分 2. 隔板未更换，扣2分 3. 工具、零件落地，扣2分 4. 调整后未清扫整理工作现场，扣2分 5. 调整操作不规范，扣2分 6. 完工未清点工具，扣2分 7. 工作后未签字，扣2分	扣分值： 理由：	
试车准备 （5分）	5	1. 识读工卡 2. 检查压气机、涡轮叶片 3. 检查发动机安装固定情况	1. 未阅读工卡，扣1分 2. 未检查压气机、涡轮叶片，每项扣1分，最多扣4分	扣分值： 理由：	1. 发动机状态未检查到位，每漏1项扣1分，最多扣5分 2. 工卡未准备到位，扣5分	扣分值： 理由：	

续表

工作步骤			评分要素			
			基本技能		维修作风	
试车准备 （5分）	5	4. 检查发动机滑油位 5. 签字确认所做工作	3. 未检查发动机安装固定情况，每项扣1分，最多扣4分 4. 未检查发动机滑油位，每项扣1分，最多扣3分 5. 所做工作未签字，每项扣1分，最多扣3分			
试车检验 （30分）	6	1. 发动机起动 2. 检查"慢车"状态性能参数 3. 检查（81.5±1）%状态性能参数 4. 检查最大状态参数 5. 检查MC→ZD加速性 6. 检查发动机停车	1. 未检查记录起动过程参数，每项扣2分，最多扣8分 2. 未检查记录"慢车"状态参数，每项扣2分，最多扣8分 3. 未检查记录（81.5±1）%状态参数，每项扣2分，最多扣8分 4. 未检查记录最大状态参数，每项扣2分，最多扣8分 5. 未检查MC→ZD加速性，每项扣2分，最多扣8分 6. 未检查发动机停车余转，每项扣2分，最多扣4分	扣分值： 理由：	1. 未按操作规程操作发动机试车，每项扣3分，最多扣10分 2. 操作发动机试车时注意力不集中，不注意观察试车数据，每项扣3分，最多扣10分 3. 操作发动机试车油门手柄动作过大，有碰撞等现象，每项扣3分，最多扣10分	扣分值： 理由：
质量记录 （5分）	7	1. 检查试车记录单 2. 检查发动机起动 3. 发动机预热 4. 检查发动机参数 5. 发动机冷却 6. 检查发动机试车其他工步	1. 试车记录单填写不规范，有错/漏项，每项扣0.5分，最多扣2分 2. 起动参数未检查、未记录，每项扣0.5分，最多扣2分 3. "慢车"状态性能参数未记录或漏项，每项扣0.5分，最多扣2分 4. （81.5±1）%状态性能参数未记录或漏项，每项扣0.5分，最多扣2分 5. 最大状态性能参数未记录或漏项，每项扣0.5分，最多扣2分	扣分值： 理由：	1. 随意更改试车步骤顺序，有错、漏项，每项扣0.5分，最多扣2分 2. 试车记录字迹不清楚、有涂改，每项扣0.5分，最多扣2分 3. 试车记录漏填、错填，每项扣0.5分，最多扣2分	扣分值： 理由：

续表

工作步骤			评分要素	
			基本技能	维修作风
质量记录 （5分）	7		6. MC → ZD 加速性能参数未记录或漏项，每项扣 0.5 分，最多扣 2 分 7. 未按试车工步检查或漏项，每项扣 0.5 分，最多扣 2 分 8. 停车未检查余转时间，每项扣 0.5 分，最多扣 2 分	
收尾 （15分）	8	1. 工件署名，上交 2. 按工具清单清点工具 3. 清洁工作区域 4. 归还工具，耗材 5. 签署工卡	1. 未按规定检查发动机涡轮叶片、压气机叶片及滑油位，每项扣 2 分，最多扣 6 分 2. 未检查工具完好性，扣 2 分 3. 未按工具清单清点工具，扣 2 分 4. 未归还工具、耗材，扣 2 分 5. 工卡签署不规范、漏项，每项扣 2 分，最多扣 6 分	扣分值： 理由：	1. 工作场地有多余物，扣 2 分 2. 工作区域未清洁，扣 3 分	扣分值： 理由：
标准工时	90min	实际工时	1. 未在标准工时内完成扣 2～10 分 2. 每超 5min 扣 2 分，最多扣 10 分，不足 5min 按 5min 计算	扣分值： 理由：
项目分数		是否通过	是□　否□	评估员签字：　　　　年　　月　　日

项目 7 检查和调整发动机推力

学习目标

★熟悉了解大气条件对最大状态、全加力状态推力的影响。
★掌握最大状态、全加力推力与喷口直径的关系、调整原理、技术要求。
★掌握最大状态与全加力状态推力的调整位置、调整方法、注意事项。
★掌握转速操纵盒各凸轮协动转速故障。
★熟悉喷口延时时间与 P_4、t_4 下降量之间的关系。
★掌握了解加力接通主要参数的技术要求、调节规律、调整方法、注意事项。

学习路径

★通过学习信息单,掌握基本理论知识。
★通过完成任务单,在实践中巩固和升华理论知识。
★通过完成评估单,反馈学习中的不足和改进方向。
★通过课后训练,再学习、再提高。

学习资源

★校内一体化教室。
★视频、PPT、习题答案等。
★网络资源等。

学习任务

★检查和调整最大状态推力。
★检查和调整加力接通。
★检查和调整全加力状态推力。

航空发动机试车

项目思维导图

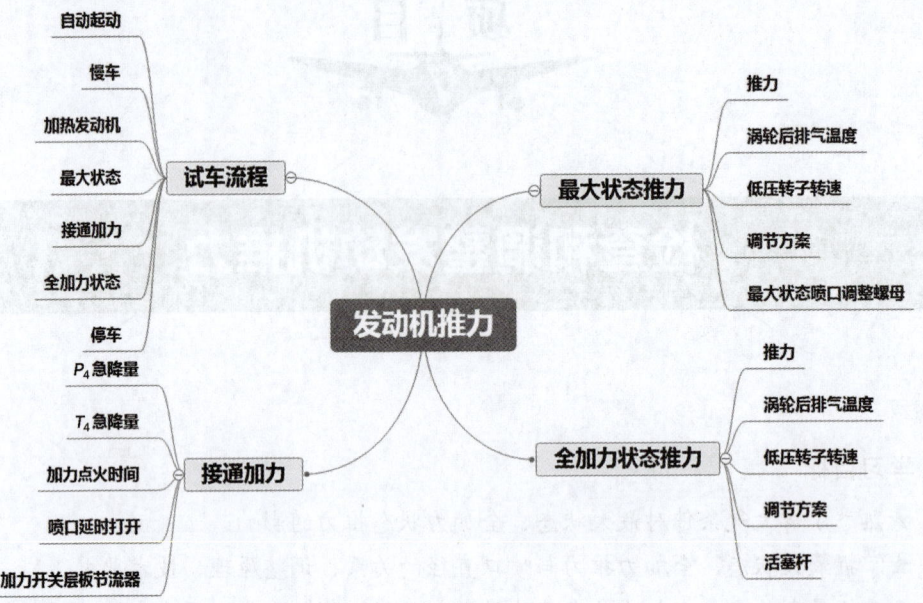

课程思政

沙丘驻涡火焰稳定器——国防第一号专利

沙丘驻涡火焰稳定器用于提高燃烧装置性能,它由两个相互对称的曲面上下拼合组成,曲面的形状类似于沙漠中天然形成的月牙形沙丘,如图 7-1 所示。

沙丘驻涡火焰稳定器——
国防第一号专利

图 7-1　沙丘驻涡火焰稳定器

1981 年,北航研究生高歌在导师宁榥的指导下,提出了新的燃烧室火焰稳定性准则,研究出计算沙丘驻涡流场的三维纳维-斯托克斯方程的快速求解方法,并研制成功沙丘驻涡火焰稳定器。该研究包括火焰稳定性、燃烧效率、联焰结构最佳方案的选择、沙丘驻涡减阻器的减阻性能、火焰稳定器的设计原理与方法。成果既适用于航空发动机，又适用于工业燃油锅炉和船舶等。使用证明，产品提高了燃烧效率与火焰稳定性，降低了流体阻力和振荡损失，推广后大幅度提高了航空发动机的合格率，使中国在这一技术领域进入世界前沿。这一发明在 1984 年获得了国家科技进步一等奖，著名科学家钱学森高度评价这一成果，认为它是一项"为中国人争气的、很有价值的重要发明，是一个很大的技术突破，是在航空发动机领域里的重大建树。"

任务 7.1　检查和调整最大状态推力

7.1.1　信息单

任务编号	7.1	任务名称	检查和调整最大状态推力

1. 主要性能指标

标准状态推力：≥43.2kN。

涡轮后排气温度：不大于 800℃。

低压转子转速：（100.5±0.5）%。

放喷口时 ZD 推力的变化

收喷口时 ZD 推力的变化

2. 检查和调整

在最大状态工作时，推力不能满足技术规定要求时，可适当调整喷口直径，改变涡轮落压比的比值。

若推力小于规定值，则缩小喷口直径，P_4 压力增大，涡轮落压比减小，低压转子转速 n_1 下降，转速调节器为保持转速 n_1 不变，则增大供油量，转速 n_1 回升，推力增加。

（1）在热态发动机上确定最大状态转速在（100.5±0.5）%，并当推力 F、排气温度 t_4 符合允许值时，在状态稳定工作后录取性能并记录仪表示数。

（2）当最大状态推力 F 和涡轮前 t_3^* 温度不符合规定时，在"慢车"状态或不工作的发动机上调整最大状态喷口直径（见图 7-2），具体方法如下。

1）拆除液压作动筒上最大喷口锁紧螺母保险。

2）拧松保险螺母 1～2 圈。

3）为了增大最大状态推力 F 则减小喷口直径。里拧最大状态喷口调整螺母，喷口直径减小，涡轮前 t_3^* 温度也相应增高，否则外拧调整螺钉。

4）对工作发动机"慢车"状态进行调整时要特别注意安全，禁止人员进入排气区。

注意：①最大状态推力小，最大调整螺母顺时针方向旋转；调整螺母逆时针旋转时推力减小;②尾喷口液压作动筒(三个)螺纹伸长量的偏差应一致;③另外两个液压作动筒的调整与螺母转动角度、方向应一致;④最终调整合格后进行保险铅封,在记录单上记录调整情况并签字。

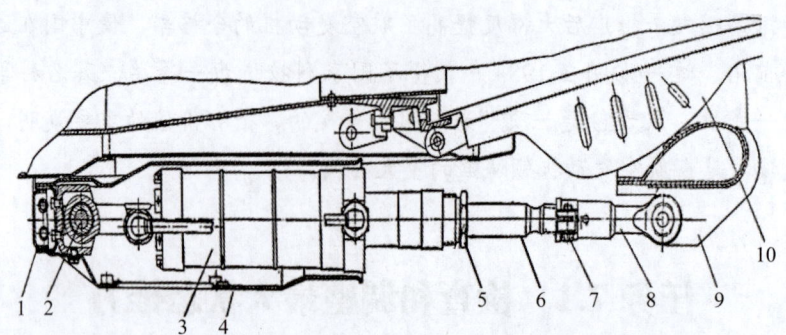

1—承力环;2—拉杆固定轴;3—液压作动筒;4—外罩;5—最大调整螺母;
6—活塞杆(加力喷口调整);7—锁紧螺钉;8—尾轴;9—调节环;10—调节环

图 7-2 喷口调整示意

7.1.2 任务单

任务		检查和调整最大状态推力					
机型		N/A		机号			
工作区域		发动机维修实训中心		版本		R0	
工时		90min		开始时间		结束时间	
完成签署/日期				检验签署/日期			
参考文件资料及标准		《发动机维修规程》					
编写/修订				审核		批准	
日期				日期		日期	
工具/设备/辅材						工作者	检查者
类别	名称	规格型号		单位	数量		
工具	秒表	通用		—	4		
	游标卡尺	0~125		mm	1		
	计算器	通用		—	2		
	手电	通用		—	1		
	尖嘴钳	150		mm	2		
	斜口钳	150		mm	2		
	自动保险钳	通用		—	1		
	一字螺丝刀	150		mm	1		
	一字螺丝刀	200		mm	1		

续表

工具/设备/辅材					工作者	检查者
类别	名称	规格型号	单位	数量		
工具	套筒扳手	9	mm	1		
	套筒扳手	10	mm	1		
	套筒扳手	11	mm	1		
	组合扳手	4×4	mm	1		
	组合扳手	5×5	mm	1		
	组合扳手	9×9	mm	1		
	梅花扳手	14	mm	1		
	S梅花扳手	11×11	mm	1		
	开口扳手	9×11	mm	2		
	开口扳手	12×14	mm	2		
	开口扳手	14×17	mm	2		
	开口扳手	19×22	mm	2		
	开口扳手	30×32	mm	1		
	喷口直径测具	$M_{28}6360\phi-0001$	—	1		
	层板节流器卸具	M5×50	mm	1		
设备	发动机试车训练系统	—	台	2		
辅材	工作单	—	份	1		
	试车记录单	—	份	1		
	保险丝	$\phi0.8$、$\phi0.5$	mm	各1卷		
	擦布	—	块	2		
	签字笔	—	支	1		
1. 工作准备					工作者	检查者
1. 开启计算机，进入试车界面 2. 在试车记录单上记录如下检查内容 （1）填写工作任务：_____ （2）检查发动机的安装及固定情况 （3）检查发动机压气机及涡轮叶片 （4）检查发动机滑油位：_____L （5）清洁现场、清点工具						
2. 分析故障拟定排除方案					工作者	检查者
1. 故障现象 最大状态推力比规定值下限值小 2. 故障分析与调整 （1）最大状态推力小应增大或缩小喷口直径：_____ （2）改变喷口直径应调整液压作动筒上的：_____ （3）依据最大螺母调整变化量计算所需调整量						

续表

2. 分析故障拟定排除方案	工作者	检查者
螺母调整方向：_____拧；调整量：_____圈 **注意**：最大螺母里拧喷口直径减小，里拧一圈推力增大约 40～50kg		
3．实施调整	工作者	检查者
1．调整最大喷口直径 （1）按规定要求拆除最大螺母调整螺钉上的保险 （2）用 11mm 扳手松开锁紧螺钉 1.5～2 圈 （3）用 30mm 扳手调整最大状态喷口调整螺母 （4）按照调整方案确定的调整量实施调整 螺母调整方向：_____拧；调整量：_____圈 **注意**：其余两个螺母的调整量与方向应保持与前一个一致 （5）测量（见图 7-3） 测量最大状态喷口直径，测量 6 次，得出测量数值 _____、_____、_____ _____、_____、_____、_____，取平均值为 _____ 测量三个螺母伸长量差值：_____mm；规定：差值不大于 0.4mm **注意**：若差值超过规定值，应将差值调整到规定值范围内  图 7-3　喷口调整螺母测量 （6）调整完成后拧紧锁紧螺钉 （7）清洁现场、清点工具 2．在试车界面上调整 （1）单击"转速调整" （2）弹出"调整界面"对话框，单击"最大状态推力/转速调整" （3）按照调整方案确定的调整量 调整方向：_____拧；调整量：_____圈；单击"确定"按钮		
4．起动发动机检查调整结果	工作者	检查者
1．起动准备工作 （1）选择试车步骤：自动起动		

续表

4. 起动发动机检查调整结果	工作者	检查者
（2）接通：总电源、控制电源		
（3）接通：起发吹风、起动燃油、起动补油、大流量、整流器		
（4）起动转换开关转置：整流器		
（5）油封转换开关置于：起动		
（6）油门手柄置于：慢车		
（7）依次按下："电铃""起动"按钮，发动机即可开始起动		

2. 试车程序

序号	工作状态	时间、次数	工作内容	限制
1	自动起动		1. 发动机起动 2. 到达慢车转速后记录以下参数 （1）滑油压力出现的时间 （2）起动机脱开凸轮（TQ）协动转速 （3）起动断开凸轮（QD）协动转速 （4）左放气活门关闭转速 （5）右放气活门关闭转速 （6）起动到慢车转速的时间 （7）涡轮后排气温度 t_4 急增最高峰值 注意：起动排气温度不允许超过规定值	不大于20s $n_2=32^{+2}_{-1}$% $n_2=(48\pm2)$% $n_2=47.5$% $n_2=47.5$% 不大于55s 排气温度不高于700℃
2	MC （慢车）	2min	1. 发动机加温 2. 记录参数 （1）低压转子转速 （2）高压转子转速 （3）滑油压力 （4）涡轮后排气温度 t_4 （5）副油路压力	实测值 实测值 不小于0.098MPa 实测值 （2.06±0.1）MPa
3	（81.5±1）%	2min	1. 发动机加温 2. 记录参数 （1）低压转子转速 （2）高压转子转速 （3）滑油压力 （4）副油路压力 （5）涡轮后排气温度 t_4	实测值 实测值 不小于0.343MPa 实测值
4	ZD 最大状态 （100.5±0.5）%	3min	1. 平稳推油门手柄到最大状态（64°～72°） 2. 单击试车步骤"最大"状态 3. 稳定工作2min后录取性能，单击"性能入库"，查看推力计算结果	

续表

序号	工作状态	时间、次数	工作内容	限制
4	ZD 最大状态 （100.5±0.5）%	3min	注意：检查最大状态推力调整情况 4. 记录参数 （1）低压转子转速 （2）高压转子转速 （3）测量推力 （4）耗油量 （5）滑油压力 （6）副油路压力 （7）涡轮后排气温度 t_4	n_1=（100.5±0.5）% 不小于 0.343MPa 排气温度不高于 800℃
5	MC → ZD 加速性	检查两次	1. 单击试车步骤"MC → ZD" 2. 以 1.5～2.0s 迅速推油门手柄到最大状态（64°～72°），检查发动机加速性 3. 记录参数 （1）低压转子转速 n_1=99% 的时间 （2）低压转子转速急增最高值 （3）涡轮后排气温度 t_4 急增最高峰值	 按曲线求出 n_1 急增不大于 101.5% 排气温度不高于 800℃
6	（81.5±1）%	2min	1. 发动机冷却 2. 记录参数 （1）低压转子转速 （2）高压转子转速 （3）滑油压力 （4）副油路压力 （5）涡轮后排气温度 t_4	 不小于 0.098MPa 实测值
7	MC （慢车）	2min	1. 发动机冷却 2. 记录参数 （1）低压转子转速 （2）高压转子转速 （3）滑油压力 （4）副油路压力 （5）涡轮后排气温度 t_4 3. 单击试车步骤"停车"	 不小于 0.098MPa 实测值
8	停车		1. 油门手柄收到"停车"位置，发动机停车 2. 记录参数 （1）低压转子转速惯性时间 _____ s （2）高压转子转速惯性时间 _____ s	 不小于 150s 不小于 35s

续表

序号	工作状态	时间、次数	工作内容	限制	
9			试车结论：_____		
5. 结束工作				工作者	检查者
1. 用 ϕ0.8mm 保险丝将最大调整螺母锁紧螺钉保险					
2. 清洁工作现场、清点工具					

7.1.3 评估单

实操任务：检查和调整最大状态推力		实训评估单号：任务一	配套实训工卡号：任务一	
姓名		班级	学号	

工作步骤			评分要素				
			基本技能			维修作风	
准备 (15分)	1	工具/设备/材料等准备 1. 工具借用准备 2. 按工具清单清点工具/设备/材料 3. 量具有效性检查 4. 试车记录单填写并签字 5. 开启计算机进入试车界面	1. 工具准备不到位，扣2分 2. 工具未清点，扣2分 3. 量具未检查有效性，扣2分 4. 试车记录单未填写并签字，扣2分 5. 未开启计算机进入试车界面，扣1分	扣分值： 理由：	1. 工具摆放不规范，扣2分 2. 未按工具单清点工具，扣2分 3. 安全防护佩戴或使用不规范，扣1分 4. 有损伤工具设备的行为，扣1分	扣分值： 理由：
	2	安全准备 1. 佩戴个人安全防护 2. 设备安全使用注意事项已阅读 3. 与相关人员的安全沟通已执行				
分析故障 制定方案 (8分)	3	1. 明确工作任务 2. 了解故障现象 3. 分析故障 4. 制定排除方案 5. 调整螺母调整方向 6. 调整螺母调整量 7. 明确调整部位	1. 不清楚工作任务，扣2分 2. 不了解故障的性质，扣2分 3. 不了解故障产生的原因，扣2分 4. 方案制定错误、方案不合理，每项扣2分，最多扣6分 5. 不清楚调整位置、错误选择调整位置，每项扣2分，最多扣6分	扣分值： 理由：	1. 故障排除方案未填写完整准确，每漏1项扣2分，最多扣8分 2. 未做发动机最大状态推力过低和超温应急预案，扣5分	扣分值： 理由：

续表

工作步骤			评分要素			
			基本技能		维修作风	
发动机调整（22分）	4	1. 选择使用调整工具 2. 拆除最大螺母调整螺钉上的保险 3. 松开锁紧螺钉 4. 调整时的规范性 5. 调整部位锁紧 6. 测量螺母伸长量差值和喷口直径 7. 完工后清点工具	1. 选择工具不合理、使用不正确，每项扣3分 2. 最大螺母调整螺钉的调整量超出规定值，扣3分 3. 最大螺母调整螺钉的调整方向错误，扣3分 4. 拆除保险未整根拆除、强行拆除，每项扣3分，最多扣9分 5. 调整时未松开锁紧螺钉，扣3分 6. 调整位置保险错误、保险路线不合理，每项扣2分 7. 拉紧角度不够、编花密度过紧或过松，每项扣2分 8. 测量喷口直径未平均选取测量点，扣3分	扣分值： 理由：	1. 工具摆放混乱，扣2分 2. 强行拆除保险丝，扣2分 3. 保险丝未整根拆除，扣2分 4. 工具、零件落地，扣2分 5. 调整后未清扫整理工作现场，扣2分 6. 调整操作不规范，扣2分 7. 完工未清点工具，扣2分 8. 工作后未签字，扣2分	扣分值： 理由：
试车准备（5分）	5	1. 识读工卡 2. 检查压气机、涡轮叶片 3. 检查发动机安装固定情况 4. 检查发动机滑油位 5. 签字确认所做工作	1. 未阅读工卡，扣1分 2. 未检查压气机、涡轮叶片，每项扣1分，最多扣4分 3. 未检查发动机安装固定情况，每项扣1分，最多扣4分 4. 未检查发动机滑油位，每项扣1分，最多扣3分 5. 所做工作未签字，每项扣1分，最多扣3分	扣分值： 理由：	1. 发动机状态未检查到位，每漏1项扣1分，最多扣5分 2. 工卡未准备到位，扣5分	扣分值： 理由：
试车检验（30分）	6	1. 发动机起动 2. 检查记录"慢车"状态性能参数 3. 检查记录（81.5±1）%状态性能参数 4. 检查记录最大状态性能参数 5. 检查记录MC→ZD加速性 6. 发动机冷却 7. 发动机停车	1. 起动过程中不注意观察仪表参数、手未持住油门手柄，每项扣2分 2. 未检查记录起动过程参数，每项扣2分，最多扣8分 3. 未检查记录"慢车"状态参数，每项扣2分，最多扣8分 4. 未检查记录（81.5±1）%状态参数，每项扣2分，最多扣8分	扣分值： 理由：	1. 未按操作规程操作发动机试车，每项扣3分，最多扣10分 2. 操作发动机试车时注意力不集中，不注意观察试车数据，每项扣3分，最多扣10分 3. 操作发动机试车油门手柄动作过大，有碰撞等现象，每项扣3分，最多扣10分	扣分值： 理由：

续表

工作步骤			评分要素			
			基本技能		维修作风	
试车检验 (30分)	6		5. 未检查记录最大状态参数，每项扣2分，最多扣8分 6. 未检查MC→ZD加速性，每项扣2分，最多扣8分 7. 未检查记录(81.5±1)%状态参数，每项扣2分，最多扣8分 8. 未检查发动机停车余转，每项扣2分，最多扣4分			
质量记录 (5分)	7	1. 检查试车记录单 2. 检查发动机起动 3. 发动机预热 4. 检查发动机参数 5. 发动机冷却 6. 检查发动机试车其他工步	1. 试车记录单填写不规范，有错/漏项，每项扣0.5分，最多扣2分 2. 起动参数未检查、未记录，每项扣0.5分，最多扣2分 3. "慢车"状态性能参数未记录或漏项，每项扣0.5分，最多扣2分 4. (81.5±1)%状态性能参数未记录或漏项，每项扣0.5分，最多扣2分 5. 最大状态参数未记录漏项，每项扣0.5分，最多扣2分 6. MC→ZD加速性能参数未记录或漏项，每项扣0.5分，最多扣2分 7. 未按试车工步检查或漏项，每项扣0.5分，最多扣2分 8. 停车未检查余转时间，每项扣0.5分，最多扣2分	扣分值： 理由：	1. 随意更改试车步骤顺序，有错/漏项，每项扣0.5分，最多扣2分 2. 试车记录字迹不清楚、有涂改，每项扣0.5分，最多扣2分 3. 试车记录漏填、错填，每项扣0.5分，最多扣2分	扣分值： 理由：
收尾 (15分)	8	1. 工件署名，上交 2. 按工具清单清点工具 3. 清洁工作区域 4. 归还工具，耗材	1. 未按规定检查发动机涡轮叶片、压气机叶片及滑油位，每项扣2分，最多扣6分	扣分值： 理由：	1. 工作场地有多余物，扣2分 2. 工作区域未清洁，扣3分	扣分值： 理由：

续表

工作步骤			评分要素	
			基本技能	维修作风
收尾 （15分）	8	5. 签署工卡	2. 未检查工具完好性，扣2分 3. 未按工具清单清点工具，扣2分 4. 未归还工具、耗材，扣2分 5. 工卡签署不规范、漏项，每项扣2分，最多扣6分	
标准工时	90min	实际工时	1. 未在标准工时内完成扣 2～10 分 2. 每超 5min 扣 2 分，最多扣 10 分，不足 5min 按 5min 计算	扣分值： 理由：
项目分数		是否通过	是□　　否□	评估员签字：　　　　年　月　日

任务 7.2　检查和调整加力接通

7.2.1　信息单

任务编号	7.2	任务名称	检查和调整加力接通

1. 主要性能指标

（1）接通加力时 P_4 压力急降量规定值：20%～40%。

（2）接通加力时 t_4 温度急降量规定值：20～60℃。

（3）接通加力时点火时间规定值：7～12s。

小流量层板节流器接通加力

大流量层板节流器接通加力

2. 构造及工作原理

加力点火装置：由预燃终断电门、加力开关、弹簧、活塞、层板节流器等组成。

加力喷口调节装置：由液压作动筒、调节片、喷口延时调节等组成。

接通加力时，加力点火线圈、汽化器电磁活门通电工作。加力泵活门通电关闭加力开关右室回油路，加力开关左移，逐渐打开加力燃烧室供油路，开关移动 7～12s 后加力开关接近全开。此时，加力开关油针左移达到行程终点，推动顶杆断开预燃终断电门，使点火装置停止喷油点火。

在地面接通全加力过程中，为了使发动机性能良好和安全可靠，要求涡轮后排气温

度 t_4 急降 20~60℃、P_4 压力急降 20%~40%。影响接通加力时参数变化的因素包括放喷口和加力供油的时间，由加力控制箱时间继电器控制；放喷口的速度由液压装置控制；加力供油量增加速度由加力泵的落压比调节器压差（P_2'/P_4）控制。

发动机刚接通加力时，由于加力燃烧室尚未供油点火燃烧，而喷口已开始放大，因此 P_4 突降，低压涡轮落压比 π_T^* 增大，其结果：一方面引起转速增大，转速调节器减小供油量，使 t_3^* 降低，限制了转速的增大；另一方面引起落压比调节器的薄膜上的气压差 ΔP 增大，回油活门关闭，使落压比调节器不调节加力供油量。另外，由于加力泵刚开始转入供油状态，泵后油压（即加力开关前油压）很小，不足以打开高空限制器的回油活门，因此，高空限制器也不控制加力供油量。故接通加力的开始阶段，两个调节器都不调节加力供油量。

从喷口由最大状态位置放至全加力状态位置的时间规定为 3~5s，为防止烧坏涡轮，宁可使涡轮前燃气温度降低一些，也不让其升高，故放喷口速度比供油量增加速度快，P_4 要降低，所以加力排气温度一般表现为急降。喷口放至全加力位置后不再增大，因此随着加力供油量的增加，加力燃烧室的温度逐渐升高，气压 P_4 逐渐增大，作用在落压比调节器薄膜上的气压差力逐渐减小，气压差减小到一定程度时，回油活门打开回油。由于两个调节器的回油活门都回油，供油量增加缓慢。这时加力开关的油针仍以一定速度左移，不断开大通道截面积，因而油泵出口油压逐渐减小，高空限制器回油活门不断关小。但随着供油量的增加，加力燃烧室燃气温度不断升高，P_4 不断增大，作用在落压比调节器薄膜上的气压差力不断减小，回油活门开度不断增大。当油泵出口油压减小到一定值时，高空限制器回油活门关闭，停止工作。此时由落压比调节器单独调节加力供油量。

3. 常见故障及原因分析

加力接通常见故障及原因分析见表 7-1。

表 7-1　加力接通常见故障及原因分析

序号	故障现象	影响因素	原因分析	排除方法
1	加力点火时间过长	1. 不符合技术要求 2. 时间过长加力预燃室温度过高	1. 层板节流器流量过小 2. 节流器滤网有脏物 3. 节流器内部堵塞	1. 换大层板节流器 2. 清洗节流器 3. 更换节流器
2	加力点火时间过短	1. 不符合技术要求 2. 点火时间过短易造成高空加力接不通	1. 层板节流器流量大 2. 层板节流器滤网破损 3. 层板节流器胶圈破损	1. 更换层板节流器 2. 更换层板节流器胶圈
3	接通加力 t_4 温度、P_4 压力急降量过大	1. 不符合技术要求 2. 容易导致高空加力接不通	1. 喷口延时时间短 2. 喷口移动速度过快	1. 喷口延迟时间增长 2. 调整喷口同步活门限流嘴（换小）
4	接通加力 t_4 温度、P_4 压力急降量过小	1. 不符合技术要求 2. 易造成接通加力时主供油量瞬时急增，导致超温	1. 喷口延时时间长 2. 喷口移动速度过慢	1. 喷口延迟时间缩短 2. 调整喷口同步活门限流嘴（换大）

续表

序号	故障现象	影响因素	原因分析	排除方法
5	加力接不通	喷口处于全加力位置 1. 推力下降大 2. 排气温度低	1. 点火电路故障 2. 点火电嘴故障 3. 汽化器节流器流量堵塞 4. 油气混合气导管裂纹	1. 检查点火电路 2. 检查加力点火电嘴 3. 检查清洗节流器 4. 分解加力扩散器

4. 检查和调整

（1）在最大状态并保持稳定工作后，记录排气温度 t_4 及 P_4 压力，该数据作为评定计算接通加力时的急降量。

（2）接通"应急断加力""加力吹风""加力活门""汽化器"电门。

注意：接通加力前按需接通"喷口或燃油"延迟开关（左位为喷口延迟时间，右位燃油延迟时间），并根据情况选择是否接通延迟时间电门（一般选择喷口延时）。

（3）接通加力时检查记录低压转子转速 n_1 的急增、涡轮后 t_4 温度和 P_4 压力的急降、加力点火的时间（按加力点火信号灯）。

（4）根据最大状态试车时 P_4 压力值，按下式计算涡轮后燃气静压力的最大降低值。

$$A=(B-C)/B\times100\% \tag{7-1}$$

式中：A 为涡轮后静压力 P_4 的下降量（%）；B 为接通加力前"最大"状态的 P_4 静压（MPa）；C 为接通加力时的最小静压 P_4（MPa）。

（5）试车记录单上应记录：P_4 压力降低值（%）、涡轮后排气温度 t_4 的急降值（算数差）、转速 n_1 急增值（%）、选择的喷口或燃油的延迟时间（s）。

（6）如果接通加力时，涡轮后燃气温度 t_4 和 P_4 压力降低，并不在允许范围内，按如下方法进行调整：

1）如涡轮后排气温度 t_4 和 P_4 压力降低值小于规定值，可减小喷口延迟的时间。

2）如涡轮后排气温度 t_4 和 P_4 压力降低值大于规定值，可增长喷口延迟的时间。

注意：①不能同时选定喷口延迟和燃油延迟的时间。②安装流量大的加力泵随动活塞层板节流器可减小 P_4 压力的降低。

（7）用加力泵的加力开关层板节流器调整加力点火时间，安装流量大的层板节流器可以缩短加力点火时间，安装小的层板节流器可以延长加力点火时间。

注意：加力泵的加力开关层板节流器流量应符合规定范围。

7.2.2 任务单

任务	检查和调整加力接通			
机型	N/A	机号		
工作区域	发动机维修实训中心	版本	R0	
工时	90min	开始时间		结束时间

续表

完成签署/日期			检验签署/日期		
参考文件资料及标准		《发动机维修规程》			
编写/修订		审核		批准	
日期		日期		日期	

工具/设备/辅材					工作者	检查者
类别	名称	规格型号	单位	数量		
工具	秒表	通用	—	4		
	游标卡尺	0~125	mm	1		
	计算器	通用	—	2		
	手电	通用	—	1		
	尖嘴钳	150	mm	2		
	斜口钳	150	mm	2		
	自动保险钳	通用	—	1		
	一字螺丝刀	150	mm	1		
	一字螺丝刀	200	mm	1		
	套筒扳手	9	mm	1		
	套筒扳手	10	mm	1		
	套筒扳手	11	mm	1		
	组合扳手	4×4	mm	1		
	组合扳手	5×5	mm	1		
	组合扳手	9×9	mm	1		
	梅花扳手	14	mm	1		
	S梅花扳手	11×11	mm	1		
	开口扳手	9×11	mm	2		
	开口扳手	12×14	mm	2		
	开口扳手	14×17	mm	2		
	开口扳手	19×22	mm	2		
	开口扳手	30×32	mm	1		
	喷口直径测具	$M_{28}6360\phi-0001$	—	1		
	层板节流器卸具	M5×50	mm	1		
设备	发动机试车训练系统	—	台	2		
辅材	工作单	—	份	1		
	试车记录单	—	份	1		
	保险丝	$\phi0.8$、$\phi0.5$	mm	各1卷		
	擦布	—	块	2		
	签字笔	—	支	1		

续表

1．工作准备	工作者	检查者
1．开启计算机，进入试车界面 2．在试车记录单上记录如下检查内容 （1）填写工作任务：_____ （2）检查发动机的安装及固定情况 （3）检查发动机压气机及涡轮叶片 （4）检查发动机滑油位：_____ L （5）清洁现场、清点工具		
2．分析故障拟定排除方案	工作者	检查者
1．故障现象 接通加力 P_4、t_4 及加力点火时间均超过规定要求 （1）接通加力时 P_4 压力急降量 45%（规定：20%～40%） （2）接通加力时 t_4 温度急降量 65℃（规定：20～60℃） （3）接通加力时点火时间 12.5s（规定：7～12s） 2．故障分析与调整 （1）P_4 压力、t_4 温度急降量过大是由于喷口打开时间过：_____ （2）加力点火时间长是加力开关层板节流器流量过：_____ 3．调整的位置 （1）试车界面上调整：_____ 延时时间 （2）在加力燃油泵上调整：_____ 层板节流器 4．实操调整 （1）试车界面上调整喷口延时时间：_____ s （2）加力开关层板节流器换大 _____ mL/min 注意：层板节流器流量增大 1mL/min，加力点火时间减小 0.5s		
3．实施调整	工作者	检查者
1．在发动机加力燃油泵上调整（图 7-4） （1）拆除加力开关层板节流器堵帽上的保险 （2）用扳手松开堵帽并取下 （3）用专用工具（M5×50 螺杆）拧入节流器螺纹孔内，取出节流器 （4）检查层板节流器滤网、橡胶圈有无破损 （5）按照调整方案进行调整 （6）将更换后的节流器装入，然后安装堵帽并拧紧 （7）清洁现场、清点工具 2．在试车界面上调整 （1）单击"其他调整"		

续表

3. 实施调整	工作者	检查者
（2）弹出"调整界面"对话框，单击"加力点火时间调整" （3）按照调整方案确定的调整量 1）加力点火时间调整 界面实际流量：_____mL/min 调整为 _____mL/min；单击"确定"按钮 2）在界面上选择喷口延时调整：0.5s、1.0s 或 1.5s（图 7-5） 图 7-4　加力燃油泵（下部） 图 7-5　试车界面		
4. 起动发动机检查调整结果	工作者	检查者
1. 起动准备工作 （1）选择试车步骤：自动起动 （2）接通：总电源、控制电源 （3）接通：起发吹风、起动燃油、起动补油、大流量、整流器 （4）起动转换开关转置：整流器 （5）油封转换开关置于：起动 （6）油门手柄置于：慢车 （7）依次按下："电铃""起动"按钮，发动机即可开始起动 2. 试车程序		

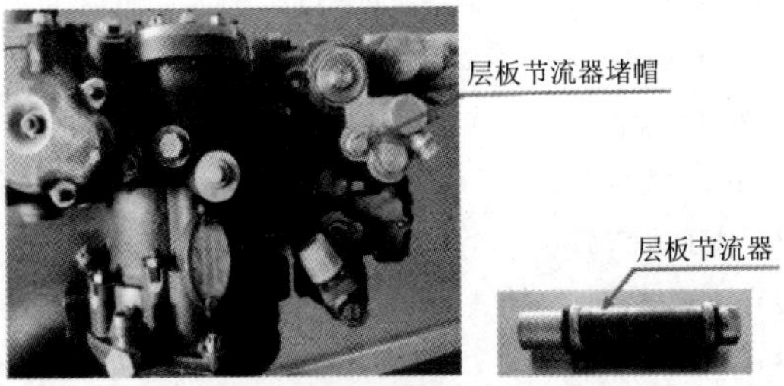

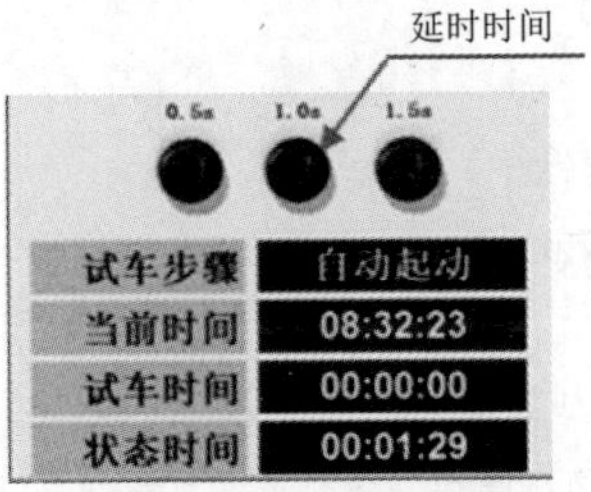

序号	工作状态	时间、次数	工作内容	限制
1	自动起动		1. 发动机起动 2. 到达慢车转速后记录以下参数	

续表

序号	工作状态	时间、次数	工作内容	限制
1	自动起动		（1）滑油压力出现的时间 （2）起动机脱开凸轮（TQ）协动转速 （3）起动断开凸轮（QD）协动转速 （4）左放气活门关闭转速 （5）右放气活门关闭转速 （6）起动到慢车转速的时间 （7）涡轮后排气温度 t_4 急增最高峰值 注意：起动排气温度不允许超过规定值	不大于 20s $n_2 = 32^{+2}_{-1}\%$ $n_2 = (48 \pm 2)\%$ $n_2 = 47.5\%$ $n_2 = 47.5\%$ 不大于 55s 排气温度不高于 700℃
2	MC （慢车）	2min	1. 发动机加温 2. 记录参数 （1）低压转子转速 （2）高压转子转速 （3）滑油压力 （4）涡轮后排气温度 t_4 （5）慢车副油路压力	实测值 实测值 不小于 0.098MPa 实测值 (2.06 ± 0.1) MPa
3	$(81.5 \pm 1)\%$	2min	1. 发动机加温 2. 记录参数 （1）低压转子转速 （2）高压转子转速 （3）滑油压力 （4）副油路压力 （5）涡轮后排气温度 t_4	实测值 实测值 不小于 0.343MPa 实测值
4	平稳推到最大状态	10s	1. 平稳推油门手柄到最大状态（64°～72°） 2. 稳定工作 8～10s	
5	QJ 检查加力接通	最少必须时间	1. 单击试车步骤"接通加力" 2. 单击"应急断加力""加力吹风""加力活门""汽化器" 3. 推油门手柄到全加力状态（油门角度在 110° 以上） 注意：检查加力接通故障排除情况，P_4、t_4 及加力点火时间应符合规定 4. 记录参数 （1）P_4 下降量 （2）t_4 下降量 （3）加力点火时间 注意：查看4号界面 P_4、t_4 及加力点火时间（图7-6）	P_4 下降量 20%～40% t_4 下降量 20～60℃ 加力点火时间 7～12s

续表

序号	工作状态	时间、次数	工作内容	限制	
5	QJ 检查加力接通		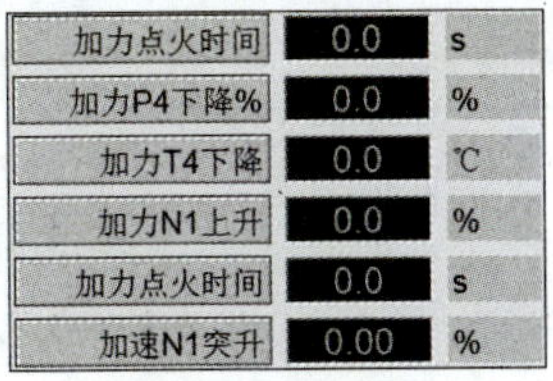 加力点火时间 0.0 s 加力P4下降% 0.0 % 加力T4下降 0.0 ℃ 加力N1上升 0.0 % 加力点火时间 0.0 s 加速N1突升 0.00 % 图7-6 4号界面		
6	MC → ZD 加速性	检查两次	1. 以 1.5～2.0s 迅速推油门手柄到最大状态（64°～72°），检查发动机加速性 2. 记录参数 (1) 低压转子转速 n_1=99% 的时间 (2) 低压转子转速急增最高值 (3) 涡轮后排气温度 t_4 急增最高峰值	按曲线求出 不大于 101.5% 不大于 800℃	
7	(81.5±1) %	2min	1. 发动机冷却 2. 记录参数 (1) 低压转子转速 (2) 高压转子转速 (3) 滑油压力 (4) 副油路压力 (5) 涡轮后排气温度 t_4	不小于 0.098MPa 实测值	
8	MC（慢车）	2min	1. 发动机冷却 2. 记录参数 (1) 低压转子转速 (2) 高压转子转速 (3) 滑油压力 (4) 副油路压力 (5) 涡轮后排气温度 t_4 3. 单击试车步骤"停车"	不小于 0.098MPa 实测值	
9	停车		1. 将油门手柄收到"停车"位置发动机停车 2. 记录参数 (1) 低压转子转速惯性时间 _____ s (2) 高压转子转速惯性时间 _____ s	不小于 150s 不小于 35s	
10			试车结论：_____		
			5. 结束工作	工作者	检查者
1. 用 ϕ0.8mm 保险丝将层板节流器堵帽保险 2. 清洁工作现场、清点工具					

7.2.3 评估单

实操任务：检查和调整加力接通			实训评估单号：任务二		配套实训工卡号：任务二	
姓名		班级		学号		
工作步骤			评分要素			
			基本技能		维修作风	
准备 （15分）	1	工具/设备/材料等准备 1. 工具借用准备 2. 按工具清单清点工具/设备/材料 3. 量具有效性检查 4. 试车记录单填写并签字 5. 开启计算机进入试车界面	1. 工具准备不到位，扣2分 2. 工具未清点，扣2分 3. 量具未检查有效性，扣2分 4. 试车记录单未填写并签字，扣2分 5. 未开启计算机进入试车界面，扣1分	扣分值： 理由：	1. 工具摆放不规范，扣2分 2. 未按工具单清点工具，扣2分 3. 安全防护佩戴或使用不规范，扣1分 4. 有损伤工具设备的行为，扣1分	扣分值： 理由：
	2	安全准备 1. 佩戴个人安全防护 2. 设备安全使用注意事项已阅读 3. 与相关人员的安全沟通已执行				
分析故障制定方案 （8分）	3	1. 明确工作任务 2. 了解故障现象 3. 分析故障 4. 制定排除方案 5. 调整喷口延时时间 6. 更换加力开关层板节流器 7. 明确调整部位	1. 不清楚工作任务，扣2分 2. 不了解故障的性质，扣2分 3. 不了解故障产生的原因，扣2分 4. 方案制定错误、方案不合理，每项扣2分，最多扣6分 5. 不清楚调整位置、错误选择调整位置，每项扣2分，最多扣6分	扣分值： 理由：	1. 故障排除方案未填写完整准确，每漏1项扣2分，最多扣8分 2. 未做发动机加力接不通应急预案，扣5分	扣分值： 理由：
发动机调整 （22分）	4	1. 选择使用调整工具 2. 拆除加力开关节流器堵帽上的保险 3. 拆卸加力开关节流器堵帽 4. 取出节流器 5. 检查节流器、胶圈外观质量 6. 选择更换节流器流量 7. 安装节流器 8. 安装节流器堵帽	1. 选择工具不合理、使用不正确，每项扣2分 2. 拆卸前未拆除保险，扣2分 3. 未整根拆除保险、强行拆除，每项扣2分 4. 未检查节流器滤网、清洁度，每项扣2分 5. 未检查胶圈破损、压伤、变形，每项扣2分	扣分值： 理由：	1. 工具摆放混乱，扣2分 2. 强行拆除保险丝，扣2分 3. 保险丝未整根拆除，扣2分 4. 工具、零件落地，扣2分 5. 调整后未清扫整理工作现场，扣2分	扣分值： 理由：

续表

工作步骤			评分要素			
			基本技能		维修作风	
发动机调整 （22分）	4	9. 打好保险 10. 清点工具	6. 更换节流器的流量超出规定值，扣2分 7. 安装节流器后未锁紧堵帽，扣2分 8. 保险错误、保险路线不合理，每项扣2分 9. 保险丝未拉紧、拉紧角度不够、编花密度过紧或过松，每项扣2分，最多扣4分		6. 调整操作不规范，扣2分 7. 完工未清点工具，扣2分 8. 工作后未签字，扣2分	
试车准备 （5分）	5	1. 识读工卡 2. 检查压气机、涡轮叶片 3. 检查发动机安装固定情况 4. 检查发动机滑油位 5. 签字确认所做工作	1. 未阅读工卡和不熟悉工卡，扣1分 2. 未检查压气机、涡轮叶片，每项扣1分，最多扣4分 3. 未检查发动机安装固定情况，每项扣1分，最多扣4分 4. 未检查发动机滑油位，每项扣1分，最多扣3分 5. 所做工作未签字，每项扣1分，最多扣3分	扣分值： 理由：	1. 发动机状态未检查到位，每漏1项扣1分，最多扣5分 2. 工卡未准备到位，扣5分	扣分值： 理由：
试车检验 （30分）	6	1. 发动机起动 2. 检查"慢车"状态性能参数 3. 检查（81.5±1）%状态性能参数 4. 检查 MC → ZD 加速性 5. 检查加力接通 6. 检查记录加力点火时间、t_4 温度急降量、P_4 压力急降量 7. 冷却发动机 8. 发动机停车	1. 起动过程中不注意观察仪表参数、手未持住油门手柄，每项扣2分 2. 未检查记录起动过程参数，每项扣2分，最多扣8分 3. 未检查记录"慢车"状态参数，每项扣2分，最多扣6分 4. 未检查记录(81.5±1)%状态参数，每项扣2分，最多扣6分 5. 未检查 MC → ZD 加速性时间、n_1 急增、t_4 急增，每项扣2分，最多扣6分	扣分值： 理由：	1. 未按操作规程操作发动机试车，每项扣3分，最多扣10分 2. 操作发动机试车时注意力不集中，不注意观察试车数据，每项扣3分，最多扣10分 3. 操作发动机试车油门手柄动作过大，有碰撞等现象，每项扣3分，最多扣10分	扣分值： 理由：

续表

工作步骤			评分要素			
			基本技能		维修作风	
试车检验（30分）	6		6. 未检查记录加力接通 t_4 急降量、P_4 急降量、加力点火时间，每项扣2分，最多扣4分 7. 未按技术要求检查参数、操作不规范、注意力不集中，每项扣2分，最多扣4分 8. 未检查发动机停车余转，每项扣2分，最多扣4分			
质量记录（5分）	7	1. 检查试车记录单 2. 检查发动机起动 3. 发动机预热 4. 检查发动机参数 5. 发动机冷却 6. 检查发动机试车其他工步	1. 试车记录单填写不规范，有错/漏项，每项扣0.5分，最多扣2分 2. 起动参数未检查、未记录，每项扣0.5分，最多扣2分 3. "慢车"状态性能参数未记录或漏项，每项扣0.5分，最多扣2分 4. (81.5±1)%状态性能参数未记录或漏项，每项扣0.5分，最多扣2分 5. 加力接通参数未记录漏项，每项扣0.5分，最多扣2分 6. MC→ZD加速性能参数未记录或漏项，每项扣0.5分，最多扣2分 7. 未按试车工步检查或漏项，每项扣0.5分，最多扣2分 8. 停车未检查余转时间，每项扣0.5分，最多扣2分	扣分值： 理由：	1. 随意更改试车步骤顺序，有错/漏项，每项扣0.5分，最多扣2分 2. 试车记录字迹不清楚、有涂改，每项扣0.5分，最多扣2分 3. 试车记录漏填、错填，每项扣0.5分，最多扣2分	扣分值： 理由：
收尾（15分）	8	1. 工件署名，上交 2. 按工具清单清点工具 3. 清洁工作区域 4. 归还工具，耗材 5. 签署工卡	1. 未按规定检查发动机涡轮叶片、压气机叶片及滑油位，每项扣2分，最多扣6分 2. 未检查工具完好性，扣2分	扣分值： 理由：	1. 工作场地有多余物，扣2分 2. 工作区域未清洁，扣3分	扣分值： 理由：

续表

工作步骤			评分要素	
			基本技能	维修作风
收尾 （15 分）	8		3. 未按工具清单清点工具，扣 2 分 4. 未归还工具、耗材，扣 2 分 5. 工卡签署不规范、有漏项，每项扣 2 分，最多扣 6 分	
标准工时	90min	实际工时	未在标准工时内完成扣 2～10 分 每超 5min 扣 2 分，最多扣 10 分，不足 5min 按 5min 计算	扣分值： 理由：
项目分数		是否通过	是□　否□	评估员签字：　　　年　月　日

任务 7.3　检查和调整全加力状态推力

7.3.1　信息单

任务编号	7.3	任务名称	检查和调整全加力状态推力

1. 主要性能指标

标准状态推力：$\geqslant 63.3\text{kN}$。

涡轮后排气温度：不大于 $800\,℃$。

低压转子转速：$(100.5\pm 0.5)\%$。

喷口放大 QJ 推力调整原理

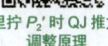
里拧 P_2' 时 QJ 推力调整原理

2. 加力推力调节方案

（1）理想的温度调解方案。

发动机在加力时，有如下关系：

$$\frac{F_j}{F}=\sqrt{\frac{T_{4j}^*}{T_4^*}}=\frac{A_{5j}}{A_5} \tag{7-2}$$

式中：F、F_j 为不加力时和加力时的推力；T_4^*、T_{4j}^* 为不加力时和加力时涡轮后总温；A_5、A_{5j} 为不加力时和加力时喷口面积。

由式（7-2）可知，为使发动机加力推力增大，首先要保持前面的主状态参数（n_{ZD}、T_{3ZD}^*）为最大常数，其次还要保持加力燃烧室温度（T_{4jZD}^*）为常数。

为保持前两个条件,需要在加力时将喷口放到加力位置以不影响涡轮落压比$\pi_{涡}^*$。但是,当外界条件变化时,由于空气量变化,如果加力供油量不变,T_{4j}^*必然变化,这时不仅不能满足第三个条件,而且还会影响涡轮落压比$\pi_{涡}^*$,进而影响前面主状态参数变化。所以,必须有一个专门的加力供油量调节器,用改变$W_{j供}$的方法来保持T_{4jZD}^*为常数,故理想的调节方案便是:

$$W_{j供} \to T_{4jZD}^* = 常数 \to F_j = F_{jZD}$$

(2)根据涡轮落压比的变化来调节$W_{j供}$。从式(7-2)可知,接通加力时要同时放大喷口面积到A_{5j},以保持涡轮落压比$\pi_{涡}^*$不变,这时$T_{4j}^* = T_{4jZD}^*$。但是,若外界条件再变化(例如高度升高),如果$W_{j供}$不变,则T_{4j}^*必然变化(增大),而同时又会使涡轮落压比$\pi_{涡}^*$变化(减小)。由此可知T_{4j}^*的变化可以间接由涡轮落压比$\pi_{涡}^*$的变化而感知。而$\pi_{涡}^*$的值比较好测量,因此,这时用涡轮落压比$\pi_{涡}^*$调节器减小$W_{j供}$,保持落压比$\pi_{涡}^*$不变,也就相当保持了$T_{4jZD}^* \approx$ 常数。这种方案可表示为:

$$W_{j供} \to \pi_{涡}^* = 常数 \to T_{4jZD}^* \approx 常数 \to A_j = A_{jZD}$$

该型涡喷发动机加力供油量调节为落压比调节器与P_2''调节的气压调节器的混合式。

3. 常见故障及原因分析

全加力状态推力常见故障及原因分析见表 7-2。

表 7-2 全加力状态推力常见故障及原因分析

序号	故障现象	原因分析	排除方法
1	全加力推力小	1. 加力喷口直径小,加力供油量小 2. 落压比值小,P_2'压力小 3. P_2'测量管路密封性不好,漏气	1. 调整全加力喷口直径,活塞杆逆时针旋转 2. 调整落压比调节器针塞,逆时针调整 3. 检查P_2'测量管路密封性
2	全加力推力大	1. 加力喷口直径偏大,加力供油量大 2. 落压比调节器P_2'压力过大	1. 调小加力喷口 2. 调整落压比调节器P_2'针塞,顺时针里拧整
3	加力状态推力脉动	1. 加力燃油泵系统内有空气,导致产生气塞 2. 调节器P_2'、P_2''堵帽未取下	1. 燃油系统放气 2. 检查并取下调节器P_2'、P_2''堵帽
4	高空飞行,加力状态超温	高空气压限制器未在设计高度参与工作,P_2''压力调整量过大	检查P_2''膜盒腔室压力值,重新计算调整P_2''膜盒腔室压力

4. 检查和调整

(1)检查全加力状态推力。发动机在地面全加力状态工作时,由落压比调节器调节加力供油量。由于设计原因，在地面全加力时，加力泵的供油量不能满足发动机性能的需要，加力泵斜盘角度处于最大止动钉位置，落压比调节器受到调节限制，发动机推力小于规定值。

为检查发动机的性能及落压比调节器工作情况，在全加力进行加力燃烧室补油。当补油量刚好满足全加力状态的需要时，加力泵的斜盘即将离开最大止动定位置，再继续补充规定数量的燃油后，落压比调节器投入工作，使油泵斜盘角度减小并离开最大止动钉位置，加力泵供油量随之减小，补充加力燃烧室规定数量的燃油即由落压比调节器调节减少来完成。

1）接通加力时，首先将加力吹风转换开关置于"吹风—加力"中间位置，按下接通"应急断加力""加力吹风""加力活门""汽化器"电门，推油门手柄于"全加力"状态位置，接通加力。

2）在换算状态下用"短接 FM"和"手动加力"电门和收油门达到规定换算转速加力状态时，补充放气活门应关闭，补充放气活门信号灯应亮。

注意：①如果出现压力后经过 1～2s 加力燃油没有点燃，则将"应急断加力"电门断开，以免发动机喘振；②当周围空气温度 t_0 大于或等于型号规范规定的，则在测量转速下进行工作。

3）录取加力状态性能时，接通加力补油要平稳地（不允许急剧增高补给油泵出口燃油压力）增加补给油量，直到推力 F、涡轮后排气温度 t_4 和高压转子转速不再上升，此后再增加不少于 500L 的燃油，使落压比调节器投入工作。如果补油量开始时落压比调节器就进行工作，则增加的补油量要比不补油流量之前多消耗规定数量的燃油。

4）当推力 F 和高压转子转速符合于所要求的数值时，则工作 2min 后录取性能，录取性能结束后切断加力补油开关，然后收油门手柄，用自动装置切断加力。

（2）全加力状态推力调整。

1）为使全推力 F 增加，则将 P_2' 调节针塞螺钉逆时针旋转，同时转速 n_2、排气温度 t_4 增加，如高压转子转速位于上限值时则应调整液压作动筒活塞杆，增大全加力喷口直径来增大推力。

2）在"慢车"状态或不工作的发动机上调整加力喷口（活塞杆）。

①拆除液压作动筒活塞杆锁紧螺钉保险，松开锁紧螺钉。

②如果推力小，则将活塞杆逆时针旋转（活塞杆增长，喷口直径增大），如推力大则将活塞杆顺时针旋转，喷口直径减小。

③调整完毕后，拧紧活塞杆上的锁紧螺钉。

注意：①另外两个液压作动筒活塞杆转动角度、方向应一致；②活塞杆的螺纹伸出量应不超过规定值；③转动液压作动筒活塞杆时液压系统应卸压（允许调小加喷口直径时不需卸压），调整全加力喷口时同样也改变最小加力喷口直径；④在"慢车"状态下调整发动机时要特别注意安全，禁止进入发动机的排气区域；⑤最终调整合格后调整螺钉进行保险铅封，在记录单上记录调整情况并签字。

3）全加力状态参数最终调整合格后,将油门手柄由全加力向小加力域移动,燃油电磁阀补充放气活门信号灯应熄灭,此时 P_2' 补充放气活门放气,P_2' 压力减小,防止涡轮后排气温度过高。

4）发动机调整后,加力状态涡轮前 t_3^* 温度应低于最大状态的涡轮前 t_3^* 温度,减轻最大状态负荷。

7.3.2 任务单

任务	检查和调整全加力状态推力					
机型	N/A		机号			
工作区域	发动机维修实训中心		版本		R0	
工时	90min	开始时间			结束时间	
完成签署/日期			检验签署/日期			
参考文件资料及标准	《发动机维修规程》						
编写/修订		审核			批准	
日期		日期			日期	
工具/设备/辅材						工作者	检查者
类别	名称	规格型号	单位	数量		
工具	秒表	通用	—	4		
	游标卡尺	0～125	mm	1		
	计算器	通用	—	2		
	手电	通用	—	1		
	尖嘴钳	150	mm	2		
	斜口钳	150	mm	2		
	自动保险钳	通用	—	1		
	一字螺丝刀	150	mm	1		
	一字螺丝刀	200	mm	1		
	套筒扳手	9	mm	1		
	套筒扳手	10	mm	1		
	套筒扳手	11	mm	1		
	组合扳手	4×4	mm	1		
	组合扳手	5×5	mm	1		
	组合扳手	9×9	mm	1		
	梅花扳手	14	mm	1		
	S梅花扳手	11×11	mm	1		
	开口扳手	9×11	mm	2		

续表

工具/设备/辅材					工作者	检查者
类别	名称	规格型号	单位	数量		
工具	开口扳手	12×14	mm	2		
	开口扳手	14×17	mm	2		
	开口扳手	19×22	mm	2		
	开口扳手	30×32	mm	1		
	喷口直径测具	$M_{28}6360\phi$–0001	—	1		
	层板节流器卸具	M5×50	mm	1		
设备	发动机试车训练系统	—	台	2		
辅材	工作单	—	份	1		
	试车记录单	—	份	1		
	保险丝	ϕ0.8、ϕ0.5	mm	各1卷		
	擦布	—	块	2		
	签字笔	—	支	1		

1. 工作准备	工作者	检查者
1. 开启计算机，进入试车界面 2. 在试车记录单上记录如下检查内容 （1）填写工作任务：_____ （2）检查发动机的安装及固定情况 （3）检查发动机压气机及涡轮叶片 （4）检查发动机滑油位：_____L （5）清洁现场、清点工具		

2. 分析故障拟定排除方案	工作者	检查者
1. 故障现象 全加力状态推力比规定值下限小（-20kg） 2. 故障分析与调整 （1）全加力喷口直径调整 （2）落压比调节器 P_2' 调整 注意：全加力推力调整有以上两种方法，本工卡只以全加力喷口调整为例 3. 选择全加力喷口调整 （1）全加力状态推力小应放大或缩小喷口直径：_____ （2）改变喷口直径应调整液压作动筒上的：_____ （3）依据活塞杆调整变化量计算所需调整量 调整活塞杆旋转方向_____拧；调整量：_____圈 注意：活塞杆外拧喷口直径增大，外拧一圈推力增大30~40kg		

续表

3．实施调整	工作者	检查者
1．调整全加力喷口直径（见图 7-7）  图 7-7　全加力喷口调整 （1）按规定要求拆除活塞杆锁紧螺钉上的保险 （2）用 11mm 扳手松开锁紧螺钉 1.5～2 圈 （3）用 14mm 扳手调整作动筒活塞杆 （4）按照调整方案确定调整量 调整活塞杆旋转方向：_____ 拧；调整量：_____ 圈 注意：①三个活塞杆调整方向及调整量应一致；②调整后检查三个活塞杆上螺纹伸出量（螺纹扣数）应一致，若不符合则调整到一致 （5）调整完成后拧紧锁紧螺钉 （6）清洁现场、清点工具 2．在试车界面上调整 （1）单击"其他调整" （2）弹出"调整界面"对话框，单击"QJ/XJ 推力调整" （3）按照调整方案确定的调整量 活塞杆调整方向：_____ 拧；调整量：_____ 圈；单击"确定"按钮 3．测量全加力状态喷口直径，测量 6 次，得出测量数值 _____、_____、_____、_____、_____、_____，取平均值为 _____		
4．起动发动机检查调整结果	工作者	检查者
1．起动准备工作 （1）选择试车步骤：自动起动 （2）接通：总电源、控制电源 （3）接通：起发吹风、起动燃油、起动补油、大流量、整流器 （4）起动转换开关转置：整流器 （5）油封转换开关置于：起动 （6）油门手柄置于：慢车 （7）依次按下："电铃""起动"按钮，发动机即可开始起动 2．试车程序		

续表

序号	工作状态	时间、次数	工作内容	限制
1	自动起动		1. 发动机起动 2. 到达慢车转速后记录以下参数 （1）滑油压力出现的时间 （2）起动机脱开凸轮（TQ）协动转速 （3）起动断开凸轮（QD）协动转速 （4）左放气活门关闭转速： （5）右放气活门关闭转速 （6）起动到慢车转速的时间 （7）涡轮后排气温度 t_4 急增最高峰值 **注意**：起动排气温度不允许超过规定值	 不大于 20s $n_2 = 32^{+2}_{-1}\%$ $n_2 = (48 \pm 2)\%$ $n_2 = 47.5\%$ $n_2 = 47.5\%$ 不大于 55s 排气温度不高于 700℃
2	MC （慢车）	2min	1. 发动机加温 2. 记录参数 （1）低压转子转速 （2）高压转子转速 （3）滑油压力 （4）副油路压力 （5）涡轮后排气温度 t_4	 实测值 实测值 不小于 0.098MPa 实测值
3	（81.5±1）%	2min	1. 发动机加温 2. 记录参数 （1）低压转子转速 （2）高压转子转速 （3）滑油压力 （4）副油路压力 （5）涡轮后排气温度 t_4	 实测值 实测值 不小于 0.343MPa 实测值
4	平稳推上	10s	1. 平稳推油门手柄到最大状态（64°～72°） 2. 稳定工作 8～10s	
5	QJ 全加力 （100.5±0.5）%	3min	1. 单击试车步骤"全加力" 2. 单击"应急断加力""加力吹风""加力活门""汽化器" 3. 将油门手柄推到全加力位置，接通加力（油门角度在 110°以上） 4. 稳定工作 2min 后录取性能，单击"性能入库"查看推力计算结论 **注意**：检查全加力状态推力调整情况，推力应符合规定值 5. 记录参数 （1）低压转子转速 （2）高压转子转速 （3）测量推力	 n_1 急增不大于 106.5%

续表

序号	工作状态	时间、次数	工作内容	限制
5	QJ 全加力 （100.5±0.5）%	3min	（4）燃油流量 （5）滑油压力 （6）副油路压力 （7）涡轮后排气温度 t_4	不小于 0.343MPa 排气温度不高于 800℃
6	MC→QJ 加力加速性	检查一次	1. 单击试车步骤"MC→QJ" 2. 以 1.5～2.0s 迅速推油门手柄到全加力状态（油门角度在 110°以上），检查发动机加速性 3. 记录参数 （1）加力接通的加速时间 （2）低压转子转速急增最高值 （3）涡轮后排气温度 t_4 急增最高峰值	 不大于 18s 不大于 106.5% 不大于 800℃
7	（81.5±1）%	2min	1. 发动机冷却 2. 记录参数 （1）低压转子转速 （2）高压转子转速 （3）滑油压力 （4）副油路压力 （5）涡轮后排气温度 t_4	 不小于 0.098MPa 实测值
8	MC （慢车）	2min	1. 发动机冷却 2. 记录参数 （1）低压转子转速 （2）高压转子转速 （3）滑油压力 （4）副油路压力 （5）涡轮后排气温度 t_4 3. 单击试车步骤"停车"	 不小于 0.098MPa 实测值
9	停车		1. 油门手柄收到"停车"位置，发动机停车 2. 记录参数 （1）低压转子转速惯性时间 _____ s （2）高压转子转速惯性时间 _____ s	不小于 150s 不小于 35s
10			试车结论：_____	
	5. 结束工作			工作者	检查者
1. 用 φ0.8mm 保险丝将活塞杆上锁紧螺钉保险 2. 清洁工作现场、清点工具					

7.3.3 评估单

实操任务：检查和调整全加力状态推力		实训评估单号：任务三		配套实训工卡号：任务三	
姓名		班级		学号	

<table>
<tr><th colspan="2">工作步骤</th><th colspan="4">评分要素</th></tr>
<tr><th colspan="2"></th><th colspan="2">基本技能</th><th colspan="2">维修作风</th></tr>
<tr>
<td>准备
（15分）</td>
<td>1</td>
<td>工具/设备/材料等准备
1. 工具借用准备
2. 按工具清单清点工具/设备/材料
3. 量具有效性检查
4. 试车记录单填写并签字
5. 开启计算机进入试车界面</td>
<td>1. 工具准备不到位，扣2分
2. 工具未清点，扣2分
3. 量具未检查有效性，扣2分
4. 试车记录单未填写并签字，扣2分
5. 未开启计算机进入试车界面，扣1分</td>
<td>扣分值：

理由：</td>
<td>1. 工具摆放不规范，扣2分
2. 未按工具单清点工具，扣2分
3. 安全防护佩戴或使用不规范，扣1分
4. 有损伤工具设备的行为，扣1分</td>
<td>扣分值：

理由：</td>
</tr>
<tr>
<td></td>
<td>2</td>
<td>安全准备
1. 佩戴个人安全防护
2. 设备安全使用注意事项已阅读
3. 与相关人员的安全沟通已执行</td>
<td>1. 工具准备不到位，扣2分
2. 工具未清点，扣2分
3. 量具未检查有效性，扣2分
4. 试车记录单未填写并签字，扣2分
5. 未开启计算机进入试车界面，扣1分</td>
<td>扣分值：

理由：</td>
<td>1. 工具摆放不规范，扣2分
2. 未按工具单清点工具，扣2分
3. 安全防护佩戴或使用不规范，扣1分
4. 有损伤工具设备的行为，扣1分</td>
<td>扣分值：

理由：</td>
</tr>
<tr>
<td>分析故障
制定方案
（8分）</td>
<td>3</td>
<td>1. 明确工作任务
2. 了解故障现象
3. 分析故障
4. 制定排除方案
5. 活塞杆调整方向
6. 活塞杆调整量
7. 明确调整部位</td>
<td>1. 不清楚工作任务，扣2分
2. 不了解故障的性质，扣2分
3. 不了解故障产生的原因，扣2分
4. 方案制定错误、方案不合理，每项扣2分，最多扣6分
5. 不清楚调整位置、错误选择调整位置，每项扣2分，最多扣6分</td>
<td>扣分值：

理由：</td>
<td>1. 故障排除方案未填写完整准确，每漏1项扣2分，最多扣8分
2. 未做发动机全加力状态推力过高应急预案，扣5分</td>
<td>扣分值：

理由：</td>
</tr>
<tr>
<td>发动机
调整
（22分）</td>
<td>4</td>
<td>1. 选择使用调整工具
2. 拆除最大螺母调整螺钉上的保险
3. 松开锁紧螺钉
4. 调整时的规范性
5. 调整部位锁紧
6. 测量喷口直径
7. 完工后清点工具</td>
<td>1. 选择工具不合理、使用不正确，每项扣3分
2. 活塞杆的调整量超出规定值，扣3分
3. 活塞杆的调整方向错误，扣3分
4. 拆除保险未整根拆除、强行拆除，每项扣3分，最多扣9分</td>
<td>扣分值：

理由：</td>
<td>1. 工具摆放混乱，扣2分
2. 强行拆除保险丝，扣2分
3. 保险丝未整根拆除，扣2分
4. 工具、零件落地，扣2分</td>
<td>扣分值：

理由：</td>
</tr>
</table>

续表

工作步骤			评分要素			
			基本技能		维修作风	
发动机调整（22分）	4		5. 调整时未松开锁紧螺钉，扣3分 6. 调整位置保险错误、保险路线不合理，每项扣2分 7. 拉紧角度不够、编花密度过紧或过松，每项扣2分 8. 测量喷口直径未平均选取测量点，扣3分		5. 调整后未清扫整理工作现场，扣2分 6. 调整操作不规范，扣2分 7. 完工未清点工具，扣2分 8. 工作后未签字，扣2分	
试车准备（5分）	5	1. 识读工卡 2. 检查压气机、涡轮叶片 3. 检查发动机安装固定情况 4. 检查发动机滑油位 5. 签字确认所做工作	1. 未阅读工卡，扣1分 2. 未检查压气机、涡轮叶片，每项扣1分，最多扣4分 3. 未检查发动机安装固定情况，每项扣1分，最多扣4分 4. 未检查发动机滑油位，每项扣1分，最多扣3分 5. 所做工作未签字，每项扣1分，最多扣3分	扣分值： 理由：	1. 发动机状态未检查到位，每漏1项扣1分，最多扣5分 2. 工卡未准备到位，扣5分	扣分值： 理由：
试车检验（30分）	6	1. 发动机起动 2. 检查"慢车"状态性能参数 3. 检查（81.5±1）%状态性能参数 4. 检查全加力状态性能参数 5. 检查 MC → QJ 加速性 6. 发动机冷却 7. 发动机停车	1. 起动过程中不注意观察仪表参数、手未持住油门手柄，每项扣2分 2. 未检查记录起动过程参数，每项扣2分，最多扣8分 3. 未检查记录"慢车"状态参数，每项扣2分，最多扣8分 4. 未检查记录（81.5±1）%状态参数，每项扣2分，最多扣8分 5. 未检查记录全加力状态性能参数，每项扣2分，最多扣8分	扣分值： 理由：	1. 未按操作规程操作发动机试车，每项扣3分，最多扣10分 2. 操作发动机试车时注意力不集中，不注意观察试车数据，每项扣3分，最多扣10分 3. 操作发动机试车油门手柄动作过大，有碰撞等现象，每项扣3分，最多扣10分	扣分值： 理由：

续表

工作步骤			评分要素				
			基本技能		维修作风		
试车检验（30分）	6		6. 未检查MC→QJ加速性，每项扣2分，最多扣8分 7. 未检查发动机停车余转，每项扣2分，最多扣4分				
质量记录（5分）	7	1. 检查试车记录单 2. 检查发动机起动 3. 发动机预热 4. 检查发动机参数 5. 发动机冷却 6. 检查发动机试车其他工步	1. 试车记录单填写不规范，有错/漏项，每项扣0.5分，最多扣2分 2. 起动参数未检查、未记录，每项扣0.5分，最多扣2分 3. "慢车"状态性能参数未记录或漏项，每项扣0.5分，最多扣2分 4. (81.5±1)%状态性能参数未记录或漏项，每项扣0.5分，最多扣2分 5. 全加力状态参数未记录漏项，每项扣0.5分，最多扣2分 6. MC→QJ加速性未记录或漏项，每项扣0.5分，最多扣2分 7. 未按试车工步检查或漏项，每项扣0.5分，最多扣2分 8. 停车未检查余转时间，每项扣0.5分，最多扣2分	扣分值： 理由：	1. 随意更改试车步骤顺序，有错/漏项，每项扣0.5分，最多扣2分 2. 试车记录字迹不清楚、有涂改，每项扣0.5分，最多扣2分 3. 试车记录漏填、错填，每项扣0.5分，最多扣2分	扣分值： 理由：	
收尾（15分）	8	1. 工件署名，上交 2. 按工具清单清点工具 3. 清洁工作区域 4. 归还工具、耗材 5. 签署工卡	1. 未按规定检查发动机涡轮叶片、压气机叶片及滑油位，每项扣2分，最多扣6分 2. 未检查工具完好性，扣2分	扣分值： 理由：	1. 工作场地有多余物，扣2分 2. 工作区域未清洁，扣3分	扣分值： 理由：	

续表

工作步骤			评分要素	
			基本技能	维修作风
收尾 (15分)	8		3.未按工具清单清点工具，扣2分 4.未归还工具、耗材，扣2分 5.工卡签署不规范、漏项，每项扣2分，最多扣6分	
标准工时	90min	实际工时	1.未在标准工时内完成扣2~10分 2.每超5min扣2分，最多扣10分，不足5min按5min计算	扣分值： 理由：
项目分数		是否通过	是□ 否□	评估员签字： 年 月 日

项目 8 检查和调整发动机加减速性

学习目标
★熟悉加速性调节器的组成及工作原理。
★掌握调整加减速性的主要内容、检查方法和注意事项。
★熟悉加速性供油量与节流器流量之间的供需关系。
★掌握加减速性的技术要求和应急情况的处置。

学习路径
★通过学习信息单,掌握基本理论知识。
★通过完成任务单,在实践中巩固和升华理论知识。
★通过完成评估单,反馈学习中的不足和改进方向。
★通过课后训练,再学习、再提高。

学习资源
★校内一体化教室。
★视频、PPT、习题答案等。
★网络资源等。

学习任务
★检查和调整 MC → ZD 加速性。
★检查和调整 85% → ZD 加速性。

📊 **项目思维导图**

👍 **课程思政**

大国工匠洪家光：匠心铸战鹰 磨砺书传奇

大国工匠洪家光：匠心铸战鹰 磨砺书传奇

洪家光，男，汉族，1979 年 12 月生，中共党员，沈阳工业大学数控技术专业毕业，大专学历，沈阳黎明航空发动机（集团）有限责任公司首席技能专家，中国航发黎明工装制造厂数控车工。

2018 年 4 月，洪家光获得"全国五一劳动奖章"。2020 年 5 月，获得"第二届全国创新争先奖状"。2022 年 3 月，获得 2021 年"大国工匠年度人物"称号。

近 30 年的一线产业经历，洪家光从入门车工到技术能手，再到大国工匠。看到不断成长的年轻产业工人，洪家光说："希望年轻人多学习，认认真真地学技术，脚踏实地做工作，同时不断培养创新意识，结合技术和方式方法，在自己的岗位上得到锻炼和提升。将个人理想融入中国梦，年轻人要有创新和活力，为了中国梦奉献和努力。"

任务 8.1　检查和调整 MC→ZD 加速性

8.1.1　信息单

任务编号	8.1	任务名称	检查和调整 MC→ZD 加速性

1. 主要性能指标

MC→ZD（低空）加速性时间按曲线规定。

MC→ZD（高空）加速性时间按试车程序中规定。

注意：①低压转子转速 n_1 急增不大于 101.5%；②排气温度 t_4 急增不高于 800℃。

2. 构造及工作原理

升压限制器由活门、活门弹簧和回位弹簧、低空层板节流器和高空层板节流器、活塞和活塞杆、高空加速修整器、真空膜盒等构成。

慢车达到最大加速性升压限制器工作原理如下。

从慢车位置快推油门手柄加速时，升压限制器投入工作，加速过程可分为两个阶段。

第一阶段：快推油门手柄后，油门开关迅速打开，面积突增，前后油压差突降，等差活门迅速右移关闭。这时分油活门仍停在最右边，随动活塞左室回油，中右室进油，随动活塞迅速左移，供油量迅速增加，副油路油压也迅速增大，升压限制器活门左面作用力随之迅速增大，使活门迅速右移，升压限制器开始投入工作。一方面打开1号、2号油路，使随动活塞左室进油，中室回油限制随动活塞左移，避免供油量急增过多。另一方面，关闭3号油路，从定压活门后来的燃油经层板节流器进入升压限制器活塞右腔后，不能流回低压腔，活塞右腔油压增大，使活塞逐渐左移，增大活门弹簧力，使活门左移，逐渐关小1号、2号油路的开度，以控制随动活塞左移速度，使副油路油压按一定速度增大。而副油路油压增大速度取决于升压限制器活塞左移速度，即取决于层板节流器的流量大小。

第二阶段：当副油路压力增加到3.92MPa时，活塞左移到顶靠活门，活门关闭1号、2号油路。由于活塞面积大于活门面积，因此作用在活门右边的油压力和活门弹簧力的总和，大大超过作用在活门左边的油压力，活门始终关闭，升压限制器不起调节作用。此后随动活塞移动速度由回输层板节流器控制，加速供油量和副油路油压增加速度比第一阶段要快。

3. 常见故障及原因分析

MC → ZD 加速性常见故障及原因分析见表8-1。

表8-1 MC → ZD 加速性常见故障及原因分析

序号	故障现象	原因分析	排除方法
1	慢车到最大状态加速性时间长	1. 一分支层板节流器流量小 2. 一分支层板节流器滤网脏或内部堵塞，造成流量过小	1. 检查节流器滤网清洁情况 2. 换大一分支层板节流器流量
2	慢车到最大状态加速性时间短	1. 一分支层板节流器流量大 2. 一分支层板节流器滤网破损 3. 二分支层板节流器封严胶圈破损	1. 检查一分支、二分支节流器滤网、胶圈完好情况 2. 换小一分支层板节流器流量
3	慢车到最大状态加速性时转速悬挂、排气温度急增	1. 一分支层板节流器流量过大，加速供油量过大 2. 节流器滤网破损、胶圈破损加速供油量大	1. 检查一分支、二分支节流器滤网、胶圈完好情况 2. 换小一分支层板节流器流量

4. 检查和调整

换成流量大的层板节流器会缩短加速时间，换小一分支层板节流器流量则会增长加速性时间。

大流量层板节流器
MC → ZD 加速性

小流量层板节流器
MC → ZD 加速性

（1）MC → ZD 加速性（低空）。发动机在地面和低空从慢车到最大加速性时，由升压限制器的低空层板节流器控制。它使加速供油量按照一定的时间程序增加,而与大气条件及飞行条件无关。因此,它的工作有如下特点。

1)慢车到最大的加速性时间随大气温度 t_0 变化而变化。当大气温度较低时,空气密度增大,发动机进气量增大,而加速供油量却不能相应增加,使加速过程中涡轮前燃气温度较低,加速性时间增长。大气温度升高时则情形相反。

2)高度升高时,空气密度减小,进气量减小,而供油量不变,加速过程中涡轮前燃气温度就会升高,加速性时间变短。

加速性检查:以 1.5～2s 的时间将油门手柄推到"最大"状态位置,检查低空加速性。记录油门手柄移动到 n_1=99% 的加速时间、转速急增最大值、排气温度 t_4 急增最大值。

注意:低空层板节流器控制的加速时间,由该型发动机副油路压力在规定范围内的加速时间决定。

加速性调整:加速性时间不符合规定时更换低空层板节流器,更换后重新检查加速性。

如果总的加速时间超过规定上限,而低空层板节流器控制的燃油压力增长时间较长(约7s),则应更换主泵回输层板节流器的流量来调整加速总时间,否则相反。

注意:当从慢车加速时,分布器活门前燃油压力初始急增值后不大于型号规范的规定值。

(2)MC → ZD 加速性(高空)。在高空飞行加速过程中,由高空加速修正器随飞行高度无级修正加速供油量,使之与加速需油量相适应,发动机在整个飞行包线范围内的加速过程都接近最佳加速过程。

为检查高空加速性工作情况,在地面试车时,分别抽取修正器膜盒室内的空气,检查膜盒室不同真空度的加速性时间。

1)以 1.5～2s 的时间迅速将油门手柄推到最大状态位置。检查记录副油路压力在规定范围内膜盒室不同绝对压力下的加速性时间。发动机转速、排气温度上升平稳无悬挂,加速时间符合规定。

2)加速性时间不符合规定时更换高空层板节流器,更换节流器后重新检查加速性。

8.1.2 任务单

任务	检查和调整 MC → ZD(低空)加速性			
机型	N/A		机号	
工作区域	发动机维修实训中心		版本	R0
工时	90min	开始时间		结束时间
完成签署 / 日期			检验签署 / 日期	
参考文件资料及标准	《发动机维修规程》			
编写 / 修订		审核		批准
日期		日期		日期

续表

类别	工具/设备/辅材 名称	规格型号	单位	数量	工作者	检查者
工具	秒表	通用	—	4		
	游标卡尺	0~125	mm	1		
	计算器	通用	—	2		
	手电	通用	—	1		
	尖嘴钳	150	mm	2		
	斜口钳	150	mm	2		
	自动保险钳	通用	—	1		
	一字螺丝刀	150	mm	1		
	一字螺丝刀	200	mm	1		
	套筒扳手	9	mm	1		
	套筒扳手	10	mm	1		
	套筒扳手	11	mm	1		
	组合扳手	4×4	mm	1		
	组合扳手	5×5	mm	1		
	组合扳手	9×9	mm	1		
	梅花扳手	14	mm	1		
	S梅花扳手	11×11	mm	1		
	开口扳手	9×11	mm	2		
	开口扳手	12×14	mm	2		
	开口扳手	14×17	mm	2		
	开口扳手	19×22	mm	2		
	开口扳手	30×32	mm	1		
	喷口直径测具	$M_{28}6360\phi$–0001	—	1		
	层板节流器卸具	M5×50	mm	1		
设备	发动机试车训练系统	—	台	2		
辅材	工作单	—	份	1		
	试车记录单	—	份	1		
	保险丝	ϕ0.8、ϕ0.5	mm	各1卷		
	擦布	—	块	2		
	签字笔	—	支	1		
1. 工作准备					工作者	检查者

1. 开启计算机,进入试车界面

2. 在试车记录单上记录如下检查内容

(1)填写工作任务:_____

(2)检查发动机的安装及固定情况

(3)检查发动机压气机及涡轮叶片

续表

1. 工作准备	工作者	检查者
（4）检查发动机滑油位：_____L （5）清洁现场、清点工具		
2. 分析故障拟定排除方案	**工作者**	**检查者**
1. 故障现象 低空加速性时间超过规定上限值 实测值为 13.5s；规定值为 9.5～12.5s 2. 故障分析与调整 （1）低空加速性调整位置在_____泵上 （2）加速性时间长应更换_____层板节流器 （3）换大层板节流器加速时间：_____ （4）依据调整变化量计算出所需调整量 层板节流器更换_____；调整量：_____mL/min **注意**：层板节流器流量增大 10mL/min，加速时间减小 0.5s		
3. 实施调整	**工作者**	**检查者**
1. 在主燃油调节器上调整 （1）按规定要求拆除低空层板节流器堵帽上的保险 （2）用 9mm 套筒扳手松开堵帽并取下 （3）用专用工具（M5×50 螺杆）拧入节流器螺纹孔内取出节流器 （4）检查节流器橡胶圈有无破损 （5）按照调整方案更换节流器流量 （6）将更换后的节流器装入，然后安装堵帽并拧紧 （7）清洁现场、清点工具 2. 在试车界面上调整 （1）单击"其他调整" （2）弹出"调整界面"对话框，单击"加减速性调整" （3）弹出调整界面对话框，单击"MC → ZD 加速性调整" （4）按照调整方案调整节流器流量 界面上实际流量：_____mL/min；调整为_____mL/min；单击"确定"按钮		
4. 起动发动机检查调整结果	**工作者**	**检查者**
1. 起动准备工作 （1）选择试车步骤：自动起动 （2）接通：总电源、控制电源 （3）接通：起发吹风、起动燃油、起动补油、大流量、整流器 （4）起动转换开关转置：整流器 （5）油封转换开关置于：起动		

续表

4. 起动发动机检查调整结果				工作者	检查者
（6）油门手柄置于：慢车					
（7）依次按下："电铃""起动"按钮，发动机即可起动					

2. 试车程序

序号	工作状态	时间、次数	工作内容	限制
1	自动起动		1. 发动机起动 2. 到达慢车转速后记录以下参数 （1）滑油压力出现的时间 （2）起动机脱开凸轮（TQ）协动转速 （3）起动断开凸轮（QD）协动转速 （4）左放气活门关闭转速 （5）右放气活门关闭转速 （6）起动到慢车转速的时间 （7）涡轮后排气温度 t_4 急增最高峰值 注意：起动排气温度不允许超过规定值	不大于 20s $n_2=32^{+2}_{-1}$% $n_2=(48\pm2)$% $n_2=47_{-5}$% $n_2=47_{-5}$% 不大于 55s 排气温度不高于 700℃
2	MC （慢车）	2min	1. 发动机加温 2. 记录参数 （1）低压转子转速 （2）高压转子转速 （3）滑油压力 （4）涡轮后排气温度 t_4 （5）慢车副油路压力	实测值 实测值 不小于 0.098MPa 实测值 （2.06±0.1）MPa
3	（81.5±1）%	2min	1. 发动机加温 2. 记录参数 （1）低压转子转速 （2）高压转子转速 （3）滑油压力 （4）副油路压力 （5）涡轮后排气温度 t_4	实测值 实测值 不小于 0.343MPa 实测值
4	MC → ZD 加速性	检查两次	1. 单击试车步骤"MC → ZD"，检查加速性时间 2. 以 1.5～2.0s 迅速推油门手柄到最大状态（64°～72°） 注意：检查 MC → ZD 加速性调整情况 3. 记录参数 （1）低压转子转速 n_1=99% 的时间	规定：9.5～12.5s

续表

序号	工作状态	时间、次数	工作内容	限制	
4	MC → ZD 加速性	检查两次	(2) 低压转子转速急增最高值 (3) 涡轮后排气温度 t_4 急增最高峰值	n_1 不大于 101.5% 排气温度不高于 800℃	
5	MC → QJ 加力加速性	检查一次	1. 在最大状态保持稳定工作 10s 2. 以 1.5~2.0s 迅速推油门手柄到全加力状态位置（110°以上），检查发动机加速性 3. 记录参数 (1) 加力接通的加速时间 (2) 低压转子转速急增最高值 (3) 涡轮后排气温度 t_4 急增最高峰值	不大于 18s n_1 急增不大于 106.5% 排气温度不高于 800℃	
6	(81.5±1)%	2min	1. 发动机冷却 2. 记录参数 (1) 低压转子转速 (2) 高压转子转速 (3) 滑油压力 (4) 副油路压力 (5) 涡轮后排气温度 t_4	实测值 实测值 不小于 0.343MPa 实测值	
7	MC（慢车）	2min	1. 发动机冷却 2. 记录参数 (1) 低压转子转速 (2) 高压转子转速 (3) 滑油压力 (4) 副油路压力 (5) 涡轮后排气温度 t_4 3. 单击试车步骤"停车"	实测值 实测值 不小于 0.098MPa 实测值	
8	停车		1. 油门手柄收到停车位置发动机停车 2. 记录参数 (1) 低压转子转速惯性时间 _____ s (2) 高压转子转速惯性时间 _____ s	不小于 150s 不小于 35s	
9			试车结论： _____		
5. 结束工作				工作者	检查者
1. 用 φ0.8mm 保险丝将层板节流器堵帽进行保险 2. 清洁工作现场、清点工具					

8.1.3 评估单

实操任务：检查和调整 MC → ZD（低空）加速性			实训评估单号：任务一		配套实训工卡号：任务一	
姓名		班级		学号		
工作步骤			评分要素			
			基本技能		维修作风	
准备 （15分）	1	工具/设备/材料等准备 1. 工具借用准备 2. 按工具清单清点工具/设备/材料 3. 量具有效性检查 4. 试车记录单填写并签字 5. 开启计算机进入试车界面	1. 工具准备不到位，扣2分 2. 工具未清点，扣2分 3. 量具未检查有效性，扣2分 4. 试车记录单未填写并签字，扣2分 5. 未开启计算机进入试车界面，扣1分	扣分值： 理由：	1. 工具摆放不规范，扣2分 2. 未按工具单清点工具，扣2分 3. 安全防护佩戴或使用不规范，扣1分 4. 有损伤工具设备的行为，扣1分	扣分值： 理由：
	2	安全准备 1. 佩戴个人安全防护 2. 设备安全使用注意事项已阅读 3. 与相关人员的安全沟通已执行				
分析故障 制定方案 （8分）	3	1. 明确工作任务 2. 了解故障现象 3. 分析故障 4. 制定排除方案 5. 更换低空层板节流器 6. 明确调整部位	1. 不清楚工作任务，扣2分 2. 不了解故障的性质，扣2分 3. 不了解故障产生的原因，扣2分 4. 方案制定错误、方案不合理，每项扣2分，最多扣6分 5. 不清楚调整位置、错误选择调整位置，每项扣2分，最多扣6分	扣分值： 理由：	1. 故障排除方案未填写完整准确，每漏1项扣2分，最多扣8分 2. 未做发动机 MC → ZD 加速过快和超温应急预案，扣5分	扣分值： 理由：
发动机 调整 （22分）	4	1. 选择使用调整工具 2. 拆除一分支节流器堵帽上的保险 3. 拆卸一分支节流器堵帽 4. 取出节流器 5. 检查节流器、胶圈外观质量 6. 选择更换节流器流量 7. 安装节流器 8. 安装节流器堵帽	1. 选择工具不合理、使用不正确，每项扣2分 2. 拆卸前未拆除保险，扣2分 3. 未整根拆除保险、强行拆除，每项扣2分 4. 未检查节流器滤网、清洁度，每项扣2分 5. 未检查胶圈破损、压伤、变形，每项扣2分	扣分值： 理由：	1. 工具摆放混乱，扣2分 2. 强行拆除保险丝，扣2分 3. 保险丝未整根拆除，扣2分 4. 工具、零件落地，扣2分 5. 调整后未清扫整理工作现场，扣2分	扣分值： 理由：

续表

工作步骤			评分要素			
			基本技能		维修作风	
发动机调整（22分）	4	9. 打好保险 10. 清点工具	6. 更换节流器的流量超出规定值，扣2分 7. 安装节流器后未锁紧堵帽，扣2分 8. 保险错误、保险路线不合理，每项扣2分 9. 保险丝未拉紧、拉紧角度不够、编花密度过紧或过松，每项扣2分，最多扣4分		6. 调整操作不规范，扣2分 7. 完工未清点工具，扣2分 8. 工作后未签字，扣2分	
试车准备（5分）	5	1. 识读工卡 2. 检查压气机、涡轮叶片 3. 检查发动机安装固定情况 4. 检查发动机滑油位 5. 签字确认所做工作	1. 未阅读工卡，扣1分 2. 未检查压气机、涡轮叶片，每项扣1分，最多扣4分 3. 未检查发动机安装固定情况，每项扣1分，最多扣4分 4. 未检查发动机滑油位，每项扣1分，最多扣3分 5. 所做工作未签字，每项扣1分，最多扣3分	扣分值： 理由：	1. 发动机状态未检查到位，每漏1项扣1分，最多扣5分 2. 工卡未准备到位，扣5分	扣分值： 理由：
试车检验（30分）	6	1. 发动机起动 2. 检查记录"慢车"状态性能参数 3. 检查记录（81.5±1）%状态性能参数 4. 检查记录 MC→ZD 加速性 5. 检查记录 MC→QJ 加速性 6. 发动机冷却 7. 发动机停车	1. 起动过程中不注意观察仪表参数、手未持住油门手柄，每项扣2分 2. 未检查记录起动过程参数，每项扣2分，最多扣8分 3. 未检查记录"慢车"状态参数，每项扣2分，最多扣8分 4. 未检查记录（81.5±1）%状态参数，每项扣2分，最多扣8分 5. 未检查 MC→ZD 加速性，每项扣2分，最多扣8分 6. 未检查 MC→QJ 加速性，每项扣2分，最多扣8分 7. 未检查发动机停车余转，每项扣2分，最多扣4分	扣分值： 理由：	1. 未按操作规程操作发动机试车，每项扣3分，最多扣10分 2. 操作发动机试车时注意力不集中，不注意观察试车数据，每项扣3分，最多扣10分 3. 操作发动机试车油门手柄动作过大，有碰撞等现象，每项扣3分，最多扣10分	扣分值： 理由：

续表

工作步骤			评分要素			
			基本技能		维修作风	
质量记录（5分）	7	1. 检查试车记录单 2. 检查发动机起动 3. 发动机预热 4. 检查发动机参数 5. 发动机冷却 6. 检查发动机试车其他工步	1. 试车记录单填写不规范，有错/漏项，每项扣0.5分，最多扣2分 2. 起动参数未检查、未记录，每项扣0.5分，最多扣2分 3. "慢车"状态性能参数未记录或漏项，每项扣0.5分，最多扣2分 4. （81.5±1）%状态性能参数未记录或漏项，每项扣0.5分，最多扣2分 5. MC→ZD 加速性能参数未记录或漏项，每项扣0.5分，最多扣2分 6. MC→QJ 加速性未记录或漏项，每项扣0.5分，最多扣2分 7. 未按试车工步检查或漏项，每项扣0.5分，最多扣2分 8. 停车未检查余转时间，每项扣0.5分，最多扣2分	扣分值： 理由：	1. 随意更改试车步骤顺序，有错/漏项，每项扣0.5分，最多扣2分 2. 试车记录字迹不清楚、有涂改，每项扣0.5分，最多扣2分 3. 试车记录漏填、错填，每项扣0.5分，最多扣2分	扣分值： 理由：
收尾（15分）	8	1. 工件署名，上交 2. 按工具清单清点工具 3. 清洁工作区域 4. 归还工具，耗材 5. 签署工卡	1. 未按规定检查发动机涡轮叶片、压气机叶片及滑油位，每项扣2分，最多扣6分 2. 未检查工具完好性，扣2分 3. 未按工具清单清点工具，扣2分 4. 未归还工具、耗材，扣2分 5. 工卡签署不规范、漏项，每项扣2分，最多扣6分	扣分值： 理由：	1. 工作场地有多余物，扣2分 2. 工作区域未清洁，扣3分	扣分值： 理由：
标准工时	90min	实际工时	1. 未在标准工时内完成扣2～10分 2. 每超5min扣2分，最多扣10分，不足5min按5min计算		扣分值： 理由：	
项目分数		是否通过	是□　　否□	评估员签字：	年　月　日	

任务 8.2　检查和调整 85% → ZD 加速性

8.2.1　信息单

任务编号	8.2	任务名称	检查和调整 85% → ZD 加速性

1. 主要性能指标

85% → ZD 加速性时间：5.5 ～ 7.5s。

注意：①低压转子转速 n_1 急增不大于 101.5%；②排气温度 t_4 急增不高于 800℃。

2. 构造及工作原理

半程加速性液压延迟器工作原理如下。

当油门手柄从自始转速位置快推到最大状态位置时，滑动衬套迅速左移，将活塞杆上的放油孔完全盖住。活塞右腔停止放油，右室油压力增大，推动活塞左移，由于正向层板节流器限制了右室的进油量，从而也就限制了活塞向左移动的速度。所以，活塞只能缓慢地左移，带动杠杆柔性地增大转速调节器的调整弹簧力，即延迟油门手柄对调整弹簧力的作用。供油量缓慢地增加，可防止因油门手柄操作过猛，造成供油量增加得过快而损坏发动机。

3. 常见故障及原因分析

85% → ZD 加速性常见故障及原因分析见表 8-2。

表 8-2　85% → ZD 加速性常见故障及原因分析

序号	故障现象	原因分析	排除方法
1	85% 到最大状态加速性时间长	1. 正向层板节流器流量小 2. 正向层板节流器滤网脏或内部堵塞，造成流量小	1. 检查正向层板节流器滤网清洁情况 2. 换大正向层板节流器流量
2	85% 到最大状态加速性时间短	1. 正向层板节流器流量大 2. 正向层板节流器滤网破损 3. 正向层板节流器封严胶圈破损	1. 检查正向层板节流器滤网、胶圈完好情况 2. 换小正向层板节流器流量

4. 检查和调整

换成流量大的层板节流器会缩短加速时间，换流量小的层板节流器流量则会增长加速性时间。

小流量层板节流器时 85% → ZD 加速性

大流量层板节流器时 85% → ZD 加速性

（1）85% → ZD 加速性。85% 到最大的加速性由液压延迟器控制加速供油量。在加速中能保证加速供油量缓慢地增加，其所控制的加速时间取决于延迟器活塞运动的速度，而活塞的运动速度又取决于经定压活门和节流器流入活塞右腔的油液流量。由于定压活门的油压和节流器的阻力是一定的，因此，活塞达到终点所需要的时间只取决于延迟器活塞的起始位置，而与外界条件无关。所以在任何外界条件下，从85%到最大加速性时间都是一定的。

以 1.5～2s 的时间迅速将油门手柄推到最大状态位置，检查 n_1=85% 到最大状态的加速性。记录油门手柄移动到 n_1=99% 的加速时间、转速急增最大值、排气温度 t_4 急增最大值。

加速性时间不符合规定时更换液压延迟器层板节流器，更换节流器后需重新检查加速性。

（2）ZD → 90% 减速性。快收油门手柄减速时，较缓慢地减小供油量，防止在减速过程中燃烧室贫油熄火，压气机和进气道喘振。

对于高速飞机，若减油速度太快，相对而言，发动机转速和所需空气流量下降得也快，流入进气道的空气流量大于发动机需要的空气流量，使超音速进气道进入亚临界状态，造成进气道喘振。

为了防止快收油门减速时，造成发动机熄火停车及压气机和进气道喘振，在发动机的主燃油系统中设置了减速装置，即在液压延迟器活塞右腔的回油路上，设置了反向层板节流器。

检查从最大状态转速到 n_1=90% 的减速性。在最大状态保持工作 10s，然后以 1.5～2s 的时间将油门手柄从最大状态收回到 n_1=89$_{-0.5}$% 的位置，记录油门手柄移动到 n_1=90% 的减速时间。

减速性时间不符合规定时，更换液压延迟器反向层板节流器，然后重新检查减速性。

注意：检查减速性前，在油门手柄分度盘上标出低压转子转速 n_1=89$_{-0.5}$% 时的相应位置。

8.2.2 任务单

任务	检查和调整 85% → ZD 加速性					
机型	N/A			机号		
工作区域	发动机维修实训中心			版本		R0
工时	90min		开始时间		结束时间	
完成签署/日期				检验签署/日期		
参考文件资料及标准	《发动机维修规程》					
编写/修订		审核			批准	
日期		日期			日期	
工具/设备/辅材					工作者	检查者
类别	名称	规格型号	单位	数量		
工具	秒表	通用	—	4		

续表

类别	工具/设备/辅材				工作者	检查者
	名称	规格型号	单位	数量		
工具	游标卡尺	0～125	mm	1		
	计算器	通用	—	2		
	手电	通用	—	1		
	尖嘴钳	150	mm	2		
	斜口钳	150	mm	2		
	自动保险钳	通用	—	1		
	一字螺丝刀	150	mm	1		
	一字螺丝刀	200	mm	1		
	套筒扳手	9	mm	1		
	套筒扳手	10	mm	1		
	套筒扳手	11	mm	1		
	组合扳手	4×4	mm	1		
	组合扳手	5×5	mm	1		
	组合扳手	9×9	mm	1		
	梅花扳手	14	mm	1		
	S梅花扳手	11×11	mm	1		
	开口扳手	9×11	mm	2		
	开口扳手	12×14	mm	2		
	开口扳手	14×17	mm	2		
	开口扳手	19×22	mm	2		
	开口扳手	30×32	mm	1		
	喷口直径测具	$M_{28}6360\phi-0001$	—	1		
	层板节流器卸具	M5×50	mm	1		
设备	发动机试车训练系统	—	台	2		
辅材	工作单	—	份	1		
	试车记录单	—	份	1		
	保险丝	$\phi 0.8$、$\phi 0.5$	mm	各1卷		
	擦布	—	块	2		
	签字笔	—	支	1		

1. 工作准备	工作者	检查者

1. 开启计算机,进入试车界面

2. 在试车记录单上记录如下检查内容

(1) 填写工作任务:＿＿＿＿＿＿＿＿＿＿

(2) 检查发动机的安装及固定情况

(3) 检查发动机压气机及涡轮叶片

续表

1. 工作准备	工作者	检查者
（4）检查发动机滑油位：_____ L （5）清洁现场、清点工具		
2. 分析故障拟定排除方案	工作者	检查者
1. 故障现象 85%→ZD 加速性时间短，小于规定值下限。 实测值为 5.0s；规定值为 5.5～7.5s 2. 故障分析与调整 （1）85%→ZD 加速性调整位置在_____泵上 （2）加速性时间短应更换_____层板节流器 （3）换大层板节流器加速时间：_____ （4）依据调整变化量计算出所需调整量 层板节流器换_____；调整量：_____mL/min 注意：层板节流器流量增大 10mL/min，加速时间减小 0.5s		
3. 实施调整	工作者	检查者
1. 在主燃油调节器上调整 （1）拆除液压延迟器层板节流器堵帽上的保险 （2）用套筒扳手（9mm）松开堵帽并取下 （3）用专用工具（M5×50 螺杆）拧入节流器螺纹孔内取出节流器 （4）检查节流器橡胶圈有无破损 （5）按照调整方案更换节流器流量 （6）将更换后的节流器装入，然后安装堵帽并拧紧 （7）清洁现场、清点工具 2. 在试车界面上调整 （1）单击"加减速性调整" （2）弹出"调整界面"对话框，单击"85%→ZD 加速性调整" （3）按照调整方案调整节流器流量 界面上实际流量为_____mL/min；调整为_____mL/min；单击"确定"按钮		
4. 起动发动机检查调整结果	工作者	检查者
1. 起动准备工作 （1）选择试车步骤：自动起动 （2）接通：总电源、控制电源 （3）接通：起发吹风、起动燃油、起动补油、大流量、整流器 （4）起动转换开关转置：整流器		

续表

4. 起动发动机检查调整结果				工作者	检查者
（5）油封转换开关置于：起动					
（6）油门手柄置于：慢车					
（7）依次按下："电铃""起动"按钮，发动机即可起动					

2．试车程序

序号	工作状态	时间、次数	工作内容	限制
1	自动起动		1. 发动机起动 2. 到达慢车转速后记录以下参数 （1）滑油压力出现的时间 （2）起动机脱开凸轮（TQ）协动转速 （3）起动断开凸轮（QD）协动转速 （4）左放气活门关闭转速 （5）右放气活门关闭转速 （6）起动到慢车转速的时间 （7）涡轮后排气温度 t_4 急增最高峰值 注意：起动排气温度不允许超过规定值	不大于 20s $n_2 = 32_{-1}^{+2}$ $n_2 = (48 \pm 2)\%$ $n_2 = 47_{-5}\%$ $n_2 = 47_{-5}\%$ 不大于 55s 不大于 700℃
2	MC （慢车）	2min	1. 发动机加温 2. 记录参数 （1）低压转子转速 （2）高压转子转速 （3）滑油压力 （4）副油路压力 （5）涡轮后排气温度 t_4	实测值 实测值 不小于 0.098MPa 实测值
3	$(81.5 \pm 1)\%$	2min	1. 发动机加温 2. 记录参数 （1）低压转子转速 （2）高压转子转速 （3）滑油压力 （4）副油路压力 （5）涡轮后排气温度 t_4	实测值 实测值 不小于 0.343MPa 实测值
4	85% → ZD 加速性	检查两次	1. 单击试车步骤"85% → ZD"检查加速性时间 2. 低压转速在85%，以1.5～2.0s迅速推油门手柄到最大状态（油门角度64°～72°）检查加速性 注意：检查85% → ZD加速性调整情况	

续表

序号	工作状态	时间、次数	工作内容	限制	
4	85% → ZD 加速性	检查两次	3．记录参数 （1）低压转子转速 n_1=85% → ZD 的加速性时间 （2）低压转子转速急增最高值 （3）涡轮后排气温度 t_4 急增最高峰值	规定：5.5～7.5s 不大于 101.5% 不大于 800℃	
5	MC → ZD 加速性	检查一次	1．以 1.5～2.0s 迅速推油门手柄到最大状态，检查发动机加速性 2．记录参数 （1）低压转子转速 n_1=99% 的时间 （2）低压转子转速急增最高值 （3）涡轮后排气温度 t_4 急增最高峰值	按曲线求出 n_1 不大于 101.5% 排气温度不高于 800℃	
6	(81.5±1)%	2min	1．发动机冷却 2．记录参数 （1）低压转子转速 （2）高压转子转速 （3）滑油压力 （4）副油路压力 （5）涡轮后排气温度 t_4		
7	MC （慢车）	2min	1．发动机冷却 2．记录参数 （1）低压转子转速 （2）高压转子转速 （3）滑油压力 （4）副油路压力 （5）涡轮后排气温度 t_4 3．单击试车步骤"停车"	不小于 0.098MPa 实测值	
8	停车		1．油门手柄收到"停车"位置，发动机停车 2．记录参数 （1）低压转子转速惯性时间 _____ s （2）高压转子转速惯性时间 _____ s	不小于 150s 不小于 35s	
9			试车结论：		
5. 结束工作				工作者	检查者
1．用 ϕ0.8mm 保险丝将层板节流器堵帽进行保险 2．清洁工作现场、清点工具					

8.2.3 评估单

实操任务：检查和调整 85% → ZD 加速性			实训评估单号：任务二	配套实训工卡号：任务二	
姓名		班级		学号	

工作步骤			评分要素		
			基本技能	维修作风	
准备 （15分）	1	工具/设备/材料等准备 1. 工具借用准备 2. 按工具清单清点工具/设备/材料 3. 量具有效性检查 4. 试车记录单填写并签字 5. 开启计算机进入试车界面	1. 工具准备不到位，扣2分 2. 工具未清点，扣2分 3. 量具未检查有效性，扣2分 4. 试车记录单未填写并签字，扣2分 5. 未开启计算机进入试车界面，扣1分	1. 工具摆放不规范，扣2分 2. 未按工具单清点工具，扣2分 3. 安全防护佩戴或使用不规范，扣1分 4. 有损伤工具设备的行为，扣1分	扣分值： 理由：
	2	安全准备 1. 佩戴个人安全防护 2. 设备安全使用注意事项已阅读 3. 与相关人员的安全沟通已执行			
分析故障 制定方案 （8分）	3	1. 明确工作任务 2. 了解故障现象 3. 分析故障 4. 制定排除方案 5. 更换液压延迟器层板节流器 6. 明确调整部位	1. 不清楚工作任务，扣2分 2. 不了解故障的性质，扣2分 3. 不了解故障产生的原因，扣2分 4. 方案制定错误、方案不合理，每项扣2分，最多扣6分 5. 不清楚调整位置、错误选择调整位置，每项扣2分，最多扣6分	扣分值： 理由：	1. 故障排除方案未填写完整准确，每漏1项扣2分，最多扣8分 2. 未做发动机 85% → ZD 加速过快和超温应急预案，扣5分	扣分值： 理由：
发动机 调整 （22分）	4	1. 选择使用调整工具 2. 拆除液压延迟器调整堵帽上的保险 3. 拆卸液压延迟器节流器堵帽 4. 取出节流器 5. 检查节流器、胶圈外观质量	1. 选择工具不合理、使用不正确，每项扣2分 2. 拆卸前未拆除保险，扣2分 3. 未整根拆除保险、强行拆除，每项扣2分 4. 未检查节流器滤网、清洁度，每项扣2分	扣分值： 理由：	1. 工具摆放混乱，扣2分 2. 强行拆除保险丝，扣2分 3. 保险丝未整根拆除，扣2分 4. 工具、零件落地，扣2分	扣分值： 理由：

续表

工作步骤			评分要素	
			基本技能	维修作风
发动机调整（22分）	4	6. 选择更换节流器流量 7. 安装节流器 8. 安装节流器堵帽 9. 打好保险 10. 清点工具	5. 未检查胶圈破损、压伤、变形，每项扣2分 6. 更换节流器的流量超出规定值，扣2分 7. 安装节流器后未锁紧堵帽，扣2分 8. 保险错误、保险路线不合理，每项扣2分 9. 保险丝未拉紧、拉紧角度不够、编花密度过紧或过松，每项扣2分，最多扣4分	5. 调整后未清扫整理工作现场，扣2分 6. 调整操作不规范，扣2分 7. 完工未清点工具，扣2分 8. 工作后未签字，扣2分
试车准备（5分）	5	1. 识读工卡 2. 检查压气机、涡轮叶片 3. 检查发动机安装固定情况 4. 检查发动机滑油位 5. 签字确认所做工作	1. 未阅读工卡或不熟悉工卡，扣1分 2. 未检查压气机、涡轮叶片，每项扣1分，最多扣4分 3. 未检查发动机安装固定情况，每项扣1分，最多扣4分 4. 未检查发动机滑油位，每项扣1分，最多扣3分 5. 所做工作未签字，每项扣1分，最多扣3分	扣分值： 理由：	1. 发动机状态未检查到位，每漏1项扣1分，最多扣5分 2. 工卡未准备到位，扣5分	扣分值： 理由：
试车检验（30分）	6	1. 发动机起动 2. 检查记录"慢车"状态性能参数 3. 检查记录（81.5±1）%状态性能参数 4. 检查记录MC→85%加速性 5. 检查记录MC→ZD加速性 6. 发动机冷却 7. 检查发动机停车	1. 起动过程中不注意观察仪表参数、手未持住油门手柄，每项扣2分 2. 未检查记录起动过程参数，每项扣2分，最多扣8分 3. 未检查记录"慢车"状态参数，每项扣2分，最多扣8分 4. 未检查记录（81.5±1）%状态参数，每项扣2分，最多扣8分	扣分值： 理由：	1. 未按操作规程操作发动机试车，每项扣3分，最多扣10分 2. 操作发动机试车时注意力不集中，不注意观察试车数据，每项扣3分，最多扣10分 3. 操作发动机试车油门手柄动作过大，有碰撞等现象，每项扣3分，最多扣10分	扣分值： 理由：

续表

工作步骤			评分要素			
			基本技能		维修作风	
试车检验（30分）	6		5. 未检查 MC → 85% 加速性，每项扣2分，最多扣8分 6. 未检查 MC → ZD 加速性，每项扣2分，最多扣8分 7. 未检查发动机停车余转，每项扣2分，最多扣4分			
质量记录（5分）	7	1. 检查试车记录单 2. 检查发动机起动 3. 发动机预热 4. 检查发动机参数 5. 发动机冷却 6. 检查发动机试车其他工步	1. 试车记录单填写不规范，有错/漏项，每项扣0.5分，最多扣2分 2. 起动参数未检查、未记录，每项扣0.5分，最多扣2分 3. "慢车"状态性能参数未记录或漏项，每项扣0.5分，最多扣2分 4.（81.5±1）% 状态性能参数未记录或漏项，每项扣0.5分，最多扣2分 5. MC → 85% 加速性未记录或漏项，每项扣0.5分，最多扣2分 6. MC → ZD 加速性能参数未记录或漏项，每项扣0.5分，最多扣2分 7. 未按试车工步检查或漏项，每项扣0.5分，最多扣2分 8. 停车未检查余转时间，每项扣0.5分，最多扣2分	扣分值： 理由：	1. 随意更改试车步骤顺序，有错/漏项，每项扣0.5分，最多扣2分 2. 试车记录字迹不清楚、有涂改，每项扣0.5分，最多扣2分 3. 试车记录漏填、错填，每项扣0.5分，最多扣2分	扣分值： 理由：
收尾（15分）	8	1. 工件署名，上交 2. 按工具清单清点工具 3. 清洁工作区域	1. 未按规定检查发动机涡轮叶片、压气机叶片及滑油位，每项扣2分，最多扣6分	扣分值： 理由：	1. 工作场地有多余物，扣2分 2. 工作区域未清洁，扣3分	扣分值： 理由：

续表

工作步骤			评分要素	
			基本技能	维修作风
收尾 （15分）	8	4. 归还工具，耗材 5. 签署工卡	2. 未检查工具完好性，扣2分 3. 未按工具清单清点工具，扣2分 4. 未归还工具、耗材，扣2分 5. 工卡签署不规范、漏项，每项扣2分，最多扣6分	
标准工时	90min	实际工时	1. 未在标准工时内完成扣2～10分 2. 每超5min扣2分，最多扣10分，不足5min按5min计算	扣分值： 理由：
项目分数		是否通过	是□　否□	评估员签字：　　　年　　月　　日

参考文献

[1] 陈益林. 航空发动机试车工艺 [M]. 北京：北京航空航天大学出版社，2019.

[2] 徐秉铨. 航空制造工程手册：发动机装配与试车 [M]. 北京：航空工业出版社，1995.

[3] 张宝诚. 航空发动机试验和测试技术 [M]. 北京：北京航空航天大学出版社，2005.

[4] 刘大响，陈光. 航空发动机飞机的心脏 [M]. 2版. 北京：航空工业出版社，2015.

[5] 空军装备部航空工厂管理部. 航空装备修理工艺技术概论 [M]. 西安：西北工业大学出版社，2017.

[6] 《中国航空材料手册》编辑委员会. 中国航空材料手册：第10卷 燃料与润滑材料、纺织材料 [M]. 北京：中国标准出版社，2001.